私の反原発人生と「福島プロジェクト」の足跡

安斎育郎
立命館大学名誉教授

かもがわ出版

はじめに

「オレの責任じゃない」——そう考えて、意に沿わない事情には首を突っ込まず、厄介な事態をやり過ごして心に重荷を背負わないという生き方もあります。

でも、私はそういう生き方はダメなんですね。性分、と言うべきでしょうか。

確かに2011年3月11日の東北地方太平洋沖地震に端を発する福島第1原発の人類史的な事故については、別に私が直接責任を負うべきことではないに違いありませんが、厄介なことに私の専門は原子力工学、なかでも放射線防護学という分野です。知らん顔というわけにはいかないんですね。戦国武将の竹中半兵衛のような芸当は、到底できそうもないのです。批判する側に身を置いてきたにしても、もう少しうまいやり方で人々の抵抗戦線を築くお手伝いができたのではないか、悔いというか、力不足感というか、そういうものを感じてしまうのですね。

東大工学部原子力工学科を第1期生として卒業したのは、今から半世紀よりも前のことです。卒業論文のテーマは、「原子炉施設の災害防止に関する研究」でした。1964年、今の若者にしてみれば大昔ですね。しかも、原発を推進するための高級技術者となるべき国家の期待に反して道を外れ、むしろブレーキをかける側に回ったのです。ブレーキをかけようとしたら、アクセルを踏む人たちからさんざん無体な仕打ちを受けました。最初は及び腰だった私も程なく腰が据わり､損得勘定なんかどっかにぶっ飛んで､図々しくというか､自分の信じるところに従ってマイ・ウェイを歩むようになったのです。山本宣治を気取るつもりは全くありませんが、「背後には多くの大衆がいる」ことを知っていたから歩めたのでしょうね。「そう来なくっちゃ！」と、後押ししてくれる人がいっぱいいたんです。

それからもう半世紀。

傘寿にしてこのような本を執筆する機会を得たことは、ある意味では褒美なのかもしれません。しかし、いったい何に対する褒美なのでしょうか？

崖っぷちに向かって進む車に乗って懸命にブレーキをかけようとしたものの、結局はかけ損なって、車を止めることはできませんでした。だから、事故を未然に防いだことに対する褒美という訳ではありません。では、損得勘定を無視してわが道を歩んだ「自分へのご褒美」なのかというと、それは単なる「自己満足」に過ぎませんね。「自己欺瞞」でさえあり得ます。

では、何に対する褒美なのか。

とりわけ1970年代から80年代、地域住民と手を携えてこの国の原発政策批判に取り組み、さまざまなハラスメントを受けながらも辛うじて矜持を保ち、その体験の記憶を傘寿まで携えて生きてきたことに対する褒美なのかもしれません。そして、傘寿になっても福島通いを続け、保育者や農民や帰還者や市民をサポートしようと老骨に鞭打って、調査・相談・学習活動に取り組んでいることへの褒美という意味もあるのかもしれません。
日本の原発政策は、明らかに岐路に立たされています。しかし、そのことをしっかりと認識し、大局観をもって目指すべき進路を見定め、国民の多くがその道を選び取るためには、来た道を振り返り、何がもたらされたのかをしっかり見据えなければなりません。人類史的原発事故から10年、私は、長年の相棒である福島県双葉郡楢葉町の宝鏡寺住職・早川篤雄さんとともに「原発悔恨と伝言の碑」を建立し、「ヒロシマ・ナガサキ・ビキニ・フクシマ伝言館」を開設するとともに、この一冊を未来への伝言状として捧げます。

2021年3月11日

安斎 育郎

もくじ――私の反原発人生と「福島プロジェクト」の足跡

装丁　加門　啓子

1 関西電力見学拒否事件

2011年3月11日の東北地方太平洋沖地震に端を発する福島第1原発事故で、私は今更ながら、人間の傲慢さに対する自然のしっぺがえしを思い知らされました。「原発事故にさいなまれる福島の人びとをサポートするために自分に何ができるか」という問題意識は、70歳を過ぎてからの私の重要な課題になりました。

振り返ってみると、あの人類史的な大事故の2年前、私は福島原発事故の本質にも通じるある珍奇な体験を京都でしていました。私は、いま、立命館大学国際平和ミュージアムの終身名誉館長を務めていますが、世界でも珍しいこの大学立の平和博物館は、立命館大学の「平和と民主主義」の教学理念と、京都市民の「平和のための戦争展」運動の共同のもとで生まれたものです。

国際平和ミュージアムが1992年に開設された直後から、戦争展運動に関わってきた京都市民らが立ち上げた「平和友の会」は、ミュージアムを拠点に独自の平和活動に取り組んできました。私は「平和友の会」の顧問の立場にあります。

「友の会」は年に一度、「安斎育郎先生と行く平和ツアー」を実施し、国内外の平和に関する史跡や社会施設を訪れ、現地の人々との交流も交えて、活動の糧にしてきました。

2009年には、舞鶴の自衛隊基地や「引揚記念館」の見学などの延長線上で、関西電力の高浜原発も見学したいという希望があり、担当者は半年も前から関西電力側と折衝してきました。ところが、その途上、思いがけない「事件」が起こりました。日本の電力企業の体質を理解する上でも、この事件は今でも紹介に値すると思いますので、以下に電力企業側とのやりとりの記録を紹介しましょう。文中、「KS」は関西電力、「フレンズ・フォー・ピース」は平和友の会、「T原発」は高浜原発を意味します。登場するのはツアー企画担当のMs.PとMs.L、そして私（A先生）です。

◆原発見学許可申請顛末記——2009年4月の体験

Ms.P　先生、面白いことが起きました。今日、KS電力の京都営業所から、〝フレンズ・フォー・ピース〟のツアーが途中で訪れることになっていた原発について、突然、「見学をお断りする」という電話が入ったのです。実のところ、この原発の見学については約半年前から交渉を始めました。京都営業所が窓口だと言われましたのでそちらに連絡し、所長室のNさんと折衝を重ねてきました。こちらとしては、初めから、「平和資料館の市民ボランティアの会で、毎年やっている『A先生と行く平和ツアー』の一環として原発を見学したいのです」と説明しました。すると、先方から、「平和ツアーなのになぜ原発を見学するのですか?」と聞かれましたので、「平和資料館は現代の地球環境問題も取り上げており、地球温暖化の問題を考えるにあたって、原発のことも学習したいと考えているからです」とはっきり目的も説明し、その結果「OK」の許可がおりたのです。

翌月にはNさん自ら平和資料館に来られ、私たちツアーの実行委員とも面談したのですが、「見学会の申込書と参加者名簿を2週間前までに出して欲しい」とのことでした。その後、参加予定者が先方の規程の40名を超えた段階でもう一度連絡をしましたが、2~3名程度のオーバーならOKですと改めて許可も貰い、最終的に44名になった段階でもNさんからT原発に連絡をとって頂いて、この時点でもOKになっていました。つい10日ほど前に旅行代金の入金処理が終わり、結果的に参加者は43名になりました。そこで私は、参加者全員の氏名・住所・電話番号・年齢を書いて「見学会申込書」を添えて郵送しました。すると今日の昼頃にNさんから電話があり、「ボランティア・ガイドの会だと聞いていたが、参加者が全国にわたっているのはどういうことか?」という問い合わせがありました。全国と言っても京都・大阪以外の人はほんの2、3人に過ぎません。そう説明すると、「〝フレンズ・フォー・ピース〟の方はどなたとどなたですか?」と聞かれたので、「そんなことは答える必要はないでしょう」と言うと、「どのようにして募集されたのですか？」と執拗に聞いてくるので、「ちょっと変だな」とは思いましたが、「〝フレンズ・フォー・ピース〟の会員が知り合いに呼びかけたのです」と事実を伝えました。

すると私が夕食を作っている6時過ぎに、KS電力京都営業所のZさんという人から電話がかかってきて、「今回の見学会はお断りしたい」と言われるのです。手のひらを返すというか、寝耳に水というか、とにかく驚きました。私が理由を訊ねますと、「平和資料館のボランティア・ガイドの方の見学会と思っていたら、『A先生と行く平和ツアー』とあるので、失礼ながらA先生のことをインターネットで調べさせてもらった。その結果、先生は原発に激しく反対されていて、長年その運動をされてきた方だと分かったので、それでは見学会は困る」うんぬんかんぬんと言うではありませんか。呆れ返りました。

「いったいあなたはどなたですか？」と確かめると、京都営業所の所長室所属の係長で、なんと「地域共生係」を担当しているZだと言うのです。こんなやり方で「地域との共生」ができると考えているのでしょうか。これではまるで「地域への強制」じゃないですか。怒り心頭に発した私は、次の点で絶対に承服できないと答えました。

①最初から「A先生といく平和ツアー」だということを表明して了解を貰っていること。手続きはすべてそちらの言う通りの手順をきちんと踏んでおり、KS電力からの見学許可を得た上で動き出したツアーであって、当方には何のミスもないこと。

②A先生が原発政策を批判的してきたという1点をもって拒否するのは、個人の思想信条の自由に反することであって、これは極めて重大な問題になること。A先生は世界的に活躍している著名な平和研究者であり、問題は国内に留まらず、国際的に大きな問題になること。

③原発に批判的な市民には見学させないということならば、KS電力は参加者の内心をどうやって推し量るのか？　何か知られてはまずい不都合なことが原発にあるとしか思えない。原発は私たちKS電力の顧客に公平に公開するのが筋ではないのか。

④すでにツアーはホテルの予約から観光バスの手配まですべて終わっており、このツアーの参加者にどう説明するのか？　万が一にもそんなことになれば、Zさん自身が当日の朝来て全員に説明する義務があること。

私は、「怒髪天を衝く」心境だったので、思わず電話口で机を叩きながら喋りまくりました。そして、「この考えは誰のものですか？　所長を出して下さい、所長を！」と要求すると、「いや、これは私個人の判断です。改めて上司と相談して電話します」と言われるので、私は「絶対に承服できません!!!」と言って電話を切りました。時計を見ると、30分近く話していたことに気がつきました。

明日はちょうど実行委員会を開きますので皆と話し合いたいと思いますが、KS電力はA先生について許し難い不当な扱いをしていますので、先生のご意見もうかがって対応したいと思います。お忙しいでしょうが、お考えをお聞かせ下さい。

A先生

いやー、そうですかぁ。面白いことが起こるものですねぇ。だから、日本の原発は信用されないんですねぇ。ホントはここで交渉を打ち切った方が面白いような気もしますね。当日は原発の門の前まで行って、「見たいのに見せてくれない原発の　中はよっぽど後ろめたいか」なんて和歌を詠むのもいいかもしれません。「反対者には見せない！　断じて見せない！」――これが日本の電力会社の方針なのですかねえ。感心することしきり。

この件を大々的に宣伝したらどうかしら？　相手が後悔するくらい。公開質問状、抗議声明……。日本原子力学会、各新聞社などへの投書。〝フレンズ・フォー・ピース〟から担当者宛に、「A先生は今回のKS電力の対応について、『あっ、そう、へえー』って言ってました」って伝えながら、今後、KS電力の対応はこうでしたって大いに広報させて頂きますって言ってあげたらどうかしら？「平和ツアーなのになぜ原発見学？」なんて言っているところをみると、現代平和学の平和の概念についてもご存じないのかもしれませんから、いろいろ資料をお送りしたらどうかな？

Ms. P

お騒がせします。原発見学会の件、再度KS電力のZさんから電話がありまして、またまた手のひらを返すように一転して「見学OK」となりました！

今日は予定通り実行委員会を開いたのですが、実行委員の方々には予め事情を通知しておきましたので、皆さん武者ぶるいして集まりました。ツアーについての最後の打ち合わせと役割分担についての相談を終えて、最後にKS電力の件を論議しましたが、誰も先生のように「達観」はできませんで、等しく「怒り心頭に発し」ました。で、いろいろ話し合った結果、万一KS電力が恥じも外聞もかなぐり捨てて「見学お断り」となった場合は、次のように対応しよう決めました。

①今更日程は変えられないので、原発まで出かけ、そこにZさんに来てもらって、43人の参加者の前で見学お断りの理由を説明して貰う。これは、いま流行りの「説明責任」ですね。

②それを受けて参加者が抗議の意を表明する。おのずから、KS電力の「蛮行」ともいうべき対応に抗議する緊急集会になるでしょう。

③できれば「原発銀座」とも呼ばれるこの地でこの問題に取り組んでいる住民にも来て貰って、実態を話してもらう。

④その場には当然新聞社などにも取材に来て貰う。私は、「踏み絵踏まねば原発見学させせぬ！―KS電力の時代錯誤ぶり」という新聞記事の見出しまで頭に浮かんでしまいました（笑い）。

ということで、みんなは「これからのなりゆき如何？」と、「困惑」というよりはむしろある種の「興趣」をさえ感じながら散会したのです。

夕方6時過ぎに帰宅しましたが、期待していた留守電は入っていませんでした。その後、7時過ぎでしたが、夕食を食べている最中にZさんから電話が来ました。私は昨日のことがあるので、

「話が長くなるようなら、食事が終わってからにしてほしい」と言いますと、「いえ、それでは簡単に致します」と言われるのでそのまま聞くことにしましたが、要するに、「昨日は大変ご迷惑をおかけしました。私が出っ張ってしまい、今日、所長からこっぴどく叱られました。ついてはPさんのご自宅に謝罪にお伺いしたい」と言うのです。もちろん私に謝罪するなどおかしな話で、謝罪するなら実行委員全員に対してすべきです。そう申し渡した結果、こちらから都合のいい日時を連絡することになりました。

電話では言えませんでしたが、彼が謝罪に来たらA先生は「あっ、そう、へぇー」ということでしたよと申し上げておきます。KS電力も随分ヘマをしたものですね。見学自体は型どおりのものので、そんなに面白いものではないだろうと思っていましたが、こういうことがあればかえって違った面で興味を感じるようになりました。

A先生

実はご連絡頂いた翌日に、ある新聞社とのインタビューで、「こんなことがあった」って報告しておきました。記事になるか否かは別として、とにかく時代錯誤も甚だしい。経過は経過として事実ですから、これからもみんなに知らせましょう。Zさんには気の毒だけど、新聞に投稿しようかと、今日東京からの帰りの新幹線でマジに考えていたのです。

Ms. P

おはようございます。嵐は意外なほどあっけなく去りました。先生と原発に行く意味を改めて噛みしめています。防弾チョッキ着ないで大丈夫でしょうか。担当者が謝罪に来るということなので、私も聞いてきます。

A先生

KS電力の対応は、日本の原発産業の姿勢の典型例の一つでしょうね。私が1960年代から日本の原発政策に批判を加えてきたのは、それなりの理由があります。頭ごなしに否定してきたのではなく、「6項目の点検基準」を日本学術会議で提起したり、国会でも参考人意見を述べたりしながら、私なりの考え方を組み立ててきたのです。70年代は国策としての原発政策が荒々しく推進された時代でしたから、国家と地方自治体と電力企業と大学が一体となって私を抑圧しました。激しいアカデミック・ハラスメントを体験しました。教育業務は一切外され、研究発表も教授の許可制を申し渡され、朝から晩まで研究室では誰も私と口を利いてはいけないという命が下され、私の隣席には電力会社のスパイが配置され、講演に行けば尾行がつき、東京電力が全部面倒見るから3年ばかりアメリカに留学してくれという誘いがかけられ、人事には妨害が入り、全国シンポジウムを企画すれば公民館の使用が許されず……。言い出せばきりがない程の抑圧状態でした。私はあれこれの理屈を越えて、「私に自由にものを言わせない日本の原発政策は、それだけで落第だ」と確信しましたね。今度の担当者のZさんは「愛社精神の発露」のつもりだったのかもしれませんが、批判者には実態見学の機会も与えず、徹底的に差別する甚だしい時代錯誤と言うべきでしょうね。これでは原発の評判が悪くなるのも仕方がないでしょう。まあ、こちらはあくまでも理性的に振る舞いましょう。ただし、事実経過として起こったことは、紛れもなく、現在の原発産業の実態の反映ですから、多くの人々に知らせていく必要があるでしょうね。

Zさんは「自分の勝手な判断でやった」と言われるかも知れませんが、会社としては一般市民への対応の最前線に立つ職責をZさんに任せてあるのですから、私たちにとっては、このような対応をされたZさんの姿勢はKS電力の広報政策を象徴しているものと受け取らざるを得ませんね。地球環境問題を機に国内外に大いに原発を押し出そうとしているKS電力のパブリック・アクセプタンス（PA）政策が、結局のところ〝批判者を徹底的に排除する〟という方針を採っているということに著しい「時代錯誤性」と驚くべき「非民主性」を感じ、恐ろしさを禁じ得ません。

事の重大性に鑑みて、このような対応がなされたことを多くの市民に知らせることは私たちの義務だろうと思います。〝謝罪に来られたから、事実そのものがなかったことにする〟という態度を私たちがとることは、原子力発電開発のあり方に関心をもっている多くの市民に対し、私たちの責任を果たさないことになるだろうと思います。私の思想調査をした上で、自社の方針と折り合わない危険人物と決めつけ、見学の機会も与えずに排斥するという、まるで戦前の治安維持法時代の公安警察まがいの対処法には背筋が寒くなる思いです。私は、このようなエネルギー産業のパブリック・アクセンプタンス政策を非常に深く憂いています。批判者を説得するのではなく、徹底的に敵視し、排除する—ある種の「産業ファシズム」ですね。いったい何様だと思っているのでしょうか。思い上がりも甚だしい。真面目な市民の学習権を一方的に奪い、自分たちの「意に添う市民」と「意に添わない市民」とを相対的に差別して、まるでテロリストに対するように社域から遠ざける。恐ろしい話です。私は、私自身の信念に基づき、言論を通じて国の原発政策批判を展開してきたのであって、KS電力に対して破壊的な行動をとるように市民を扇動してきた訳でも何でもありません。今回のツアー参加者は原発について定まった考え方をもっている人たちではなく、私の見解も参考にしながら、原発見学を通じてそれぞれに自分達の考えを深めようと思って参加するのです。それを、「平和のグループがなぜ原発だ」とか、「A先生は敵対者だ」とか理由にもならない理由をつけて市民の自発的学習の機会を奪うという行為は、看過するには余りにも重大であると思います。KS電力の社内でどのようなPA教育が行なわれているのか、ぜひ公開して欲しいものです。

Zさんにしても、市民との窓口の最前線を任されるにあたって、社としてのPA政策の基本は担当部局の上司から手ほどきを受けているはずですから、公開はできないにしてもそうした基本方針があるのでしょう。Zさんが「自分の勝手な判断だ」と言われても、ストレートに信じる訳にはいかないでしょうし、もしもKS電力が何の指導もなしに担当者の恣意的な考えに任せているのだとすれば、それ自身無責任極まりないことです。基本的なPA政策を公表して欲しいものですね。

Ms. L

先方が謝罪に来ることになりましたよ、先生。公開謝罪記者会見にしたいくらいです。Zさんには会ってみないとどんな人格の人か見極められませんし、また、KS電力として、どんな形式で謝罪するのか予測がつきませんが、どうあれ、私はその理不尽さと傲慢さと勘違いの甚だしさを一市民としてビビビッと感じており、KS電力以外の電力供給を選択する余地もない電力消費者として、真剣に地球温暖化問題に取り組んでいる地球人の立場で、思うところを伝えたいと思います。

一件落着した形ですが、これはPさんが全身全霊で電話で機敏に反論されたからだと思います。思想信条で市民を差別し、勝手に学習権を奪ったりすべきではないという、まことに正当な主張が事態を転換させ、KS電力側の謝罪という結果をもたらしたのだと思います。

A先生

謝罪会見には私は参加できませんが、その担当人物自身を徹底して苛めるというよりは、彼をしてそのような意識実態にさせ、知らず知らずにそのような行動を「自発的に」とらせた体制そのもののもつ構造的暴力性を糾弾すべきなのでしょうね。だから、彼には、「あ〜、行ったらさんざん批判されたが、何か心に響いちゃったなあ」と思わせるような、そんな包容力のある雰囲気が欲しいですね。多分、Zさんは、愛社精神に燃えた一途の人物なのでしょうが、「あんさんが知らず知らずの内に判断してとった行動は、実のところ、ドエリャーことだ」と分かってもらいながらも、こんな人権抑圧的なやり方を反省し、われわれの言うことに一理も二理もあると思わせる度量の深さというか、懐の広さというか、そんな感じを醸し出す泰然自若ぶりが好ましいですね。「A先生は、あんさんがそう伝えて来られた翌日には、東京で新聞社に受けた〝人生どう生きるか?〟についてのインタビューで、〝そう言えば昨日こんなことがありました〟って話しちゃったみたいよ」って報告して貰っても結構です。弱いもん虐めは大嫌いですが、彼は「KS電力のPA担当の係長」という肩書きをしょって初めてそういう抑圧的言辞が可能だったんでしょうね。Zさんにも妻もいれば、子もいるのでしょう。「あなたも大変なのよねぇ」って、人情の機微をフォローすることも大切でしょうね。A先生は、「大変ですねぇ」と言っていたとお伝え下さい。

Ms. P　今日、Z係長と、私たちとの折衝の窓口を務めてくれていたNさんが謝罪に来られました。最初にZさんから、「私の勘違い、思い違いで皆さん方に大変ご迷惑をおかけし、お詫び申し上げます。KS電力に対する信頼を裏切ったことに対し深くお詫びします」と型通りのお詫びの言葉がありました。その後、私たちの方から問題点を問い質していったのですが、あくまでも理性的に冷静にお話をしました。同席した実行委員の皆さんが指摘したポイントの適確なことに感動しました！　〝フレンズ・フォー・ピース〟の会員は「平和を守り、創る」という一点で結集しているものですが、その志の清らかさと思いの深さを感じさせるものでした。

結論的に言いますと、次の6点を確認しました。

①A先生が原発政策を批判してきたことを理由に見学を断るというZさんの判断はなぜ出てきたのか？　そういう体質がKS電力全体にあるのではないか？　これについては、「私の思い込みが激しかった。所長から強く叱責された。深く反省している」と、個人の失態との主張でした。

②見学許可の基準は何か？　という点ですが、「人数と見学目的、見学者の名簿を出してもらえればOKで、思想で判断はしないし、この基準は今後も変わらない」と確言しました。

③「A先生の名誉と人権が侵害されたことをどう考えるか？」については、「見学当日に直接謝りたい」ということだったので、「事前に謝罪するのが当然ではないか？」と指摘しました。

④「今回の参加者名簿をブラックリストにのせて、悪用するのではないか？」と問うと、「それは絶対にない。デジタル化はせず、ファイルに保存するだけだ」とのこと、「今後参加者の誰かが別の見学会を申し込んでも拒否はしませんね」とこの点もしっかり確認しました。

⑤窓口となったNさんをこの件で「お前が何も調べずに許可したのが問題だ」として社内で不当な処遇をしないよう求めましたが、Zさんは、「私が処分されるのは仕方がないが、Nが

処分されることは絶対にない」との答えでした。みんな若いNさんの将来を心配する言葉を次々とかけましたよ。

⑥この件は私たちの会の会員にも報告するし、友人・知人にもすでに話していると言うと、「してくれるなとは勿論言えない」と覚悟して言われました。

大筋このような話し合いとなりましたが、最終的に確認したことは、これからも誰が見学会を申し込んでも原発に対する態度で判断はしない。それはKS電力全体の見解かと確認すると、Zさんは一瞬の躊躇の後、「その通りです」と明言しました。見学の可否を思想で差別できないという誰が見ても全うなことを思い知らせたという点では、前進と言えるのではないでしょうか？

2 「危険人物」安斎育郎のルーツ

◆出生から大学入学まで

私・安斎育郎は１９４０年（昭和15年、皇紀２６００年）の東京生まれです。父48歳、母43歳の高齢出産でした。幼年期は「太平洋戦争」（１９４１年12月8日の日本の真珠湾攻撃に始まって、１９４５年9月2日の全面降伏によって終わった戦争）の時期とすっぽり重なっており、１９４４（昭和19）年には激しくなりつつあった東京の空襲を逃れて父母の出身地である福島県安達郡二本松町（現在の二本松市）に疎開し、終戦を挟んで9歳まで福島で過ごしました。福島は私の第2の故郷であり、私の心に焼き付いている日本の原風景です。

1949年、私は再び東京に移転し、江東区深川の「松屋パン店」の末子として育ちました。私は9人兄弟姉妹の末っ子でしたが、姉二人と兄一人は幼いころに病気などで亡くなり、残ったのは男ばかり6人の兄弟でした。一番上の兄とは22歳違いで、私が生まれたころにはすでに出征していました。上から4人の兄が出征しましたので、幼いころこれらの兄と戯れた記憶は希薄です。幸い兄たちは戦後4人が4人とも生還しましたが、私はよく知らない大人が突然現れて「俺はお前の兄貴だ」と聞かされて大いに戸惑いました。

福島の野山を駆け巡った日々が自ずから足腰を鍛えたのでしょう。私は小粒ながらも足の速い少年として小中学生時代を過ごしました。中学校時代には江東区で一、二を争う短距離ランナーでしたし、中学校対抗の連合体育大会では深川第三中学校の主将を務めました。勉強もそこそこできる評判の子でしたが、このころ私は「何でもできる子」として失敗を恐れ、妙に格好をつける「困った子」になったようにも感じています。

その後進学した両国国技館からほど遠からぬ都立・両国高校は、授業の始まりや終わりを太鼓で知らせる古風な受験校で、国語のI先生は、国語の時間に前の数学の時間の教科書が机の上に出ていたという理由で、「立ち上がって足を開いて歯を食いしばれ！」と私に命じ、往復ビンタをくらわせました。いや、何のことはない、前の時間の数学のS先生が、自分で出した問題が自分で解けなくなって、次の国語の時間まで食い込んだのが原因だったのですが、有無を言わさずビンタをくらわすI先生の体質は、私には合いませんでした。

父親は教育には極めて不熱心な人で、中学卒業後に私を就職させるつもりだったのですが、兄たちが「今どき高校ぐらい」と説得してくれたようでした。兄たちは青春期を戦場で過ごし、教育を受ける機会を逸したことを悔やんでいたようでした。出征した4人の兄のうち、一番若かった4番目の兄はその後独力で明治大学を卒業しましたが、他の兄たちは最高学歴が中学校のままでした。

しかし、父親は高校を出たら今度こそ私を銀行員として就職させるつもりだったらしいのですが、またまた兄たちが「今どき大学ぐらい」と説得してくれたため、1年浪人して1960年に東京大学理科I類に進みました。

◆東大入学から原子力工学科へ

最初の2年間は教養学部で学び、2年生の秋に3年生からの専門分野を選ぶことになっています。私は工学部応用物理学科に進む心積もりをしていたのですが、折も折、工学部の原子力工学科が初めての学生15人を募集することが分かりました。原子力工学科はすでに1960年に発足していたのですが、学生を募集するのはこれが初めてで、私は東大工学部原子力工学科の第1期生となりました。

原子力工学科には、原子炉工学とか、原子炉材料学とか、放射線計測学とか、原子炉熱工学とか、原子力発電工学とか、放射線化学といった、原子力工学科プロパーの9つの講座に加えて、協力講座という形で理学部の原子核物理学講座、農学部の放射線遺伝学講座（発足時は「放射線育種学講座」といったように記憶する）、医学部の放射線健康管理学講座の3つの講座がありました。原子力工学科の目的は、日本の原子力発電事業を支える高級技術者の養成にあったので、学生は原子力工学科プロパーの9講座のいずれかに進むことを期待されていたのでしょうが、私はあろうことか、医学部の協力講座である「放射線健康管理学講座」を選びました。

私が原子力工学科に進学した背景の一つには、東京大学入学1年前の1959年に東京・晴海の国際見本市で見たアメリカの原子炉展示が影響していました。まだ日本の原子炉等規制法もできてから日が浅く、しかも、日本の「盟主国」ともいうべきアメリカの見本市ですから強い規制もかけられなかったのでしょうが、とにかく東京のど真ん中に出力僅か0・1ワットとは言え、原子核分裂反応を連鎖的に起こす正真正銘の原子炉が展示され、一般市民に公開されたのです。当時昭和天皇も見学に行きましたが、「炉心を覗いたが大丈夫か」といったことが巷間話題になったりしていました。そこには放射性物質に関する展示もあり、ニワトリの餌に微量の放射性カルシウムを混ぜて食べさせると、その放射能が何日後に卵の殻から検出されるかといった「トレーサー実験」などの結果が興味深く展示されていました。何も知らない私には、科学の最先端の分野が興味深く展示されているものとして印象に残りました。

原子力工学科時代の講義ノートはいまだに私のもとに残っていますが、私はかなり真面目な学生だったようです。（それらは２０２1年に福島県双葉郡楢葉町の宝鏡寺境内に立ち上げる「ヒロシマ・ナガサキ・ビキニ・フクシマ伝言館」に寄贈するつもりです）。私は、原子力と人間のかかわりを考える場合、やはり他の産業にはない放射線と人間のかかわりを深く学ぶことが何よりも大事だと感じ、放射線健康管理学講座を選び取ったのです。２０１９年の８月８日、原子力工学科の仲間だったS君から、「貴兄が原子力工学科の最優等生の一人（ホント？）でありながら、原子力のいわば傍流ともいうべき協力講座に行ったのはどうしてだったのか、いまだに疑問です。どういう理由だったのかお聞かせください」というメールが来ましたが、せっかく原子力工学科の第1期生として進学しながら私が「本流」を外れて「傍流」を選び取ったことは仲間たちにとっても不思議だったようです。私は、次のように返信しました「原子力工学科に進んだのは１９５９年に晴海の国際見本市でアメリカの実物の原子炉の展示を見たインパクトが重要な理由ですが、実際に入って勉強して実感したことは、『放射線の人体に対

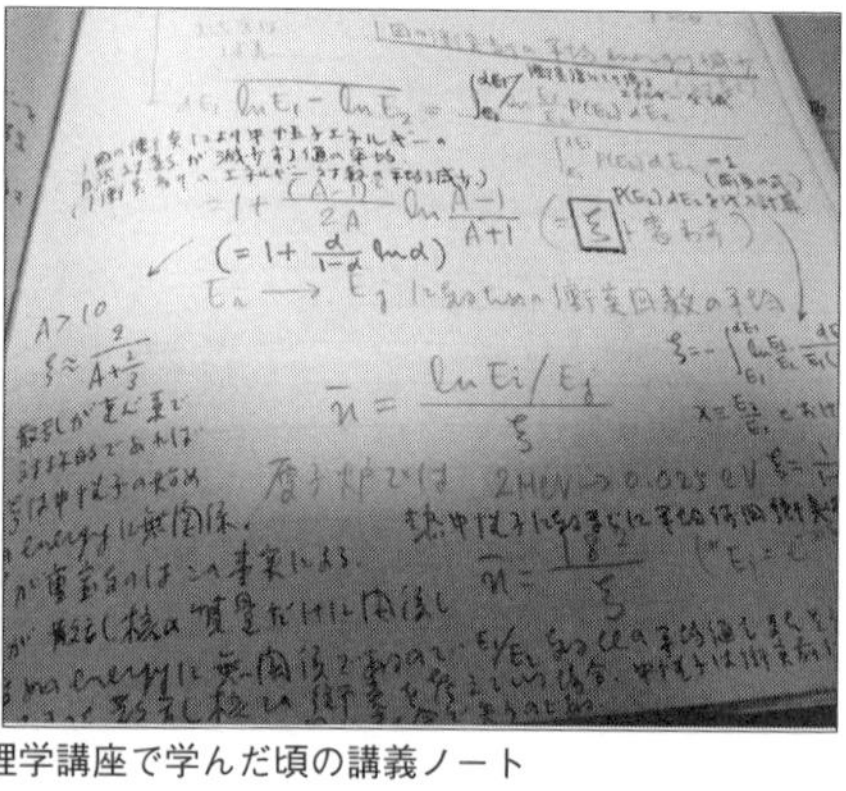

放射線健康管理学講座で学んだ頃の講義ノート

する影響の問題をもう少し納得ずくで理解しない限り、この道に身を預けられない』と感じた直感でした。やがて、原子力工学と現実の日本の原発開発政策の乖離に目覚めて原発政策批判に身を投じ、Y研究室では皆さんにも詳しくは話していない反人権的なアカデミック・ハラスメントの数々を日々体験しました。機会があればお話ししましょうか。『わが人生に悔いはあるか？』と問われれば、全体としては『◎』だと確信しています」。ある面では、私の感性のなせる業だったのかもしれません。

◆原子力工学科卒業から日本学術会議での問題提起まで

かくして私は工学部の学生でありながら、卒業研究のために医学部放射線健康管理学教室に出入りするようになりました。卒業研究のテーマは「原子炉施設の災害防止に関する研究」であり、1965年にイギリスのコールダー・ホール型原発が臨界を達成することになっていた茨城県東海村の川崎義彦村長や、日本原子力発電株式会社の技術者等へのインタビューも行ないました。勝沼晴雄教授の勧めもあって、卒業論文は『日本公衆衛生学雑誌』に2回にわたって掲載されました。

やがて日本の原子力発電開発政策が具体化するに及んで、私は単に第三者的というよりは、自らの専門分野の問題として原発開発政策の当否について思いを巡らすようになりました。そうした折も折、１９６５年に日本の科学の自主的・民主的・総合的発展を求める科学者の横断的組織である「日本科学者会議」が発足し、私も誘われるるままに参加しました。とりわけ、原子力工学を専門とする科学者が数少ない中で、私は民間の科学者組織の一員として政府の原子力政策を吟味する重要な役割を負うことになり、政策批判の活動に徐々に傾斜していきました。

その頃、アメリカの原子力潜水艦の寄港地の放射能汚染が社会的な関心を集め、三宅泰雄、檜山義夫、猿橋勝子ら、放射線研究分野の著名な科学者が、当時まだ上野にあった日本学術会議を舞台に激しい論争を繰り広げるようになりました。自らの学術的主張に徹底的にこだわって一歩も譲らない専門家同士の火を噴くような論争を目の当たりにして、専門的職業人としての科学研究者の生半可ではない姿に触れて感動したことも、社会問題に原子力の専門家として目を向けることの重要性を認識する上で少なからぬ影響を受けました。

大学院修士課程での私の研究テーマは「NaF（フッ化ナトリウム）ペレット法による尿中ウランの分析」で、１９６６年に工学修士号を取得しました。論文は『日本原子力学会誌』に掲載されました。私は引き続き博士後期課程に進み、「外部被曝および内部被曝線量評価の不確定性に関する情報理論的研究」で１９６９年に工学博士号を取得しました。論文は、放射線防護学分野の専門学術誌である『保健物理』に掲載されました。大学院では、生物学・化学・物理学に関するさまざまな実験手法を身につけ、数学・統計学・情報理論・放射線物理学・放射化学・放射線影響学等の知識を広め、また、深めました。私は主任教授の勧めで医学部放射線健康管理学教室助手としてそのまま大学に残ることになりました。

大学院在学中から学園紛争が活発化し、博士課程は東大闘争の最高潮期と重なりました。否応なく「大学とは何か」「科学とは何か」についてのさまざまな取り組みに参加することを通じて、社会的な視野はさらに開拓されていったと言っていいでしょう。紛争解決の過程で元東大総長の南原繁さんや作家の芹沢光治良さんといった著名な知識人のもとを訪れ、意見を交換する機会もありましたが、当時は、社会全体が大学や学問のあり方を問い直す思潮の真只中にありました。

その頃、私は日本科学者会議の常任幹事として、日本の原子力政策批判について責任ある立場にありました。また、放射線防護学の専門家として、人類史上最大の放射線被曝事例であった広島・長崎の原爆被害を学ぶ中で、核兵器が使用されてしまえば放射線防護の専門家にできることは非常に限られることを認識し、核軍縮の問題への関心も培いつつありました。

１９７０年代は原発政策が荒々しく追求された時代でした。１９７０年に開催された大阪万博の開会式を敦賀原発1号炉からの電力で照らすことが目標とされ、日本各地で原発立地計画が推進されつつありました。

日本科学者会議は、私が委員長を務める原発問題研究委員会を中心に、静岡県の浜岡原発や北海道の岩内原発の立地計画について検討する全国シンポジウムを開催し、政府の原発政策に対する批判を強めつつありました。私は原子力工学、とりわけ放射線防護学の専門家として、また、日本科学者会議の原発問題研究委員会の責任者として、原発立地予定地の住民と話し合う機会が多くなり、その中で鍛えられていきました。

原発を地域社会に導入することは、住民から見れば、単に安全上の問題だけでなく、地域の政治・経済・文化のあらゆる分野への影響を伴う総合的な問題に外なりません。私は放射線防護学の専門家ですが、地域住民はそんなことにはお構いなく、私にありとあらゆる質問を浴びせかけました。北海道岩内町のシンポジウムでは、漁協のFさん、布団屋のSさんなどから、「岩内のホタテ養殖への影響はどうか」、「隣の共和町のメロンの値が風評で下落するようなことはないか」等々、私の守備範囲を超えた質問が投げかけられました。自ずから私は原子力全般について勉強することを求められ、その範囲は政治・経済・文化のあらゆる面に及びました。

1972年12月、日本学術会議が歴史上初めて「第1回原子力問題シンポジウム—原子力発電の安全について—」を開催し、私は問題提起者として「6項目の点検基準」を提起しました。すなわち、①原子力開発の自主性が保たれているか、②経済優先主義がまかり通っていないか、③軍事利用の危険性がないか、④民主的な地域開発計画を尊重しているか、⑤労働者および地域住民の安全性が実証科学的に保障されているか、⑥原子力行政のあり方が民主的であるか、の6項目です。この問題提起は、当時の原発批判の拠りどころとして一定の役割を果たしましたが、当時、東京大学工学部原子力工学科の全共闘諸君もこれらの基準を引用していたことを思い起こします。この講演は、日本学術会議という公的機関で私が原発政策批判の立場を鮮明にした初めての機会で、私の人生のその後のあり方を規定した重要な機会でした。

◆原子力問題に関する社会的活動

翌1973年には衆議院の科学技術振興対策特別委員会に専門家10人の一人として出席し、ここでも日本の原発政策に批判を加えました。私は当時東京大学医学部文部教官助手でしたが、国家が国策として原発開発を推進しようとしている時に、国権の最高機関である国会で、国家公務員が国策批判を展開したわけですから、結果として、「反国家的なイデオローグ」と見なされることになりました。

同じ1973年の9月18・19日、東京電力福島第2原発1号炉の設置許可処分に関わる日本初の住民参加型公聴会が開催され、筆者も地元住民の推薦枠で意見陳述の機会を与えられました。それは「史上初の住民参加型公聴会」という触れ込みでしたが、中身は「茶番劇」以外の何物でもありませんでした。意見陳述人も傍聴人も事前申込制でしたが、推進者たちは活版印刷された大量の申込書を提出し、圧倒的多数の推進派陳述人が、圧倒的多数の推進派傍聴人の前で「原発安全・地域貢献コール」を繰り広げる場として利用されました。これは「公聴会」とは名ばかりで、まさに行政と電力企業の合作の茶番であることは極めて明らかでした。なぜなら、本人の了承もないままに住民台帳から住所・氏名を抜き出して申し込んだ結果、申し込んでもいない住民に当選通知が送られてきたりしたからです。まさにずさん極まりない反民主主義的な詐欺的暴挙に外なりませんでした。

最も驚いたことは、一人の婦人代表が、「放射能恐れずに足らず」という認識を主張するために、その年の高校野球で広島商業が優勝したことを引き合いに出したことでした。原爆が投下された広島の高校球児が、福島代表の双葉高校を1回戦で12対0で破った上、その後も勝ち進んで全国制覇を遂げたのだから、「原爆放射能恐れるに足らず」という破廉恥ともいうべき主張でした。

結局、国側はこの公聴会を住民の意見も聞いたことにするアリバイとして利用し、東京電力に対して福島第2原発1号炉の設置を許可しました。

地域住民は、1975年に「福島第2原発1号機の設置許可処分取り消し請求訴訟」を起こし、私も原告・住民側の証人として出廷、自然放射線と発がんの関係に関する東北大学医学部の粟冠《さっか》正利教授が「原発推進」の立場から提出した論文の計算を全部やり直し、その誤りを徹底的に指摘して結論が逆転することを証拠立てたりしました。傍聴席には電力企業の関係者が勢ぞろいしていましたが、私は確かに、原発政策を推進する日本の電力関係者にとっては極めてやっかいな「不良学者」だったに相違ありません。

裁判は福島地方裁判所➡仙台高等裁判所➡最高裁判所と17年間続きましたが、もともと勝訴する確証もない裁判闘争に取り組んだのには、裁判を通じて国の安全審査の実態を明らかにする目的がありました。安全審査は「基本設計」についての審査であり、「詳細設計」は別の話だという審査実態も明らかにされましたが、1984年7月23日の福島地方裁判所の判決の中に、次のような説明があったことは驚きでした。すなわち、「原告ら主張のような全ＥＣＣＳ（緊急炉心冷却系）の不作動等の想定は、右のＥＣＣＳ等の設計の総合的な妥当性を判断するための事故解析自体を不能ならしめるものであるのみならず、たとえ、ＥＣＣＳの不作動等を想定した事故解析をすることが不可能ではないとしても、そのような考え方を押し進めると、格納容器等の破壊、爆発等を想定した事故解析にまで進まないとも限らず、そのような想定のもとでは事実上どのような原子炉の設置でも不可能に近いものとなり、そのような想定の積み重ねにより、かえって、原子炉施設の安全性が弱まる可能性がある」というものですが、核燃料が溶融した場合、それを冷やすための「緊急炉心冷却系」（ＥＣＣＳ）がすべて働かなくなるようなことを想定すると、事実上すべての原発は設置不能になる―だから、そもそも原発の設置が不可能になるようなことは想定しないというのです。

◆放射能データ捏造事件と原子力船「むつ」問題

１９７４年には原子力関係の２つの重要な事件に関わりました。第１は、日本分析化学研究所による放射能データ捏造事件、第２は、原子力船「むつ」放射線漏洩事件です。

❶放射能データ捏造事件

第1の問題は、科学技術庁がアメリカの原潜が寄港した港の海水や海底土の放射能汚染のチェックを委託していた日本分析化学研究所が、あるサンプルの測定結果のグラフを縮尺を変えて何枚も複写し、実際には測定していない他の多くのサンプルの測定データとして報告していた「科学詐欺事件」で、日本科学者会議原発問題研究委員会は詳細な調査・検討を行ない、その虚偽を完膚なく暴露しました。

私は沖縄のホワイトビーチにも調査に飛び、沖縄県知事の屋良《やら》朝苗《ちょうびょう》氏にも会ってデータ捏造の実態について話しました。この会見は、放射線不妊虫による沖縄のウリミバエ絶滅作戦で指導的な役割を果たした伊藤嘉昭氏の仲介によるものでした。また、国会の科学技術振興対策特別委員会にも参考人として出席し、行政の杜撰さを厳しく告発しました。結果として、アメリカの原潜は日本の港に6カ月間寄港できませんでした。

❷原子力船むつ問題

第2の原子力船「むつ」の放射線漏れ事故についても、日本科学者会議としてシンポジウムを開催するなどして日本の原子力船開発計画を総合的・批判的に検討し、世論形成にも一定の影響を及ぼしました。「むつ」はわが国最初の原子力船でしたが、母港の青森県むつ市を離れて公海上で臨界実験を行ない、想定外の中性子線漏れを起こして漂流を余儀なくされました。当時、むつ市長の菊池渙治氏も度々東京大学の私のもとを訪れ、どう対処するかについて相談しました。

当時すでに私は医学部の研究室では反国家的イデオローグとして疎んじられていましたので、むつ市長に失礼のないように対応する部屋も準備できず、実験室の片隅での対応を余儀なくされました。当時、東京大学の放射線健康管理学教室には日立造船のTさんが研究生としてきていました。

「むつ」が修理のために長崎県佐世保港に回航されることになると、私は立教大学原子力研究所長の服部学教授や東京大学の小野周教授らとともに長崎県漁連の技術顧問団に加わり、現地調査等に参加しました。佐世保港の工事予定岸壁の視察では、私たちを乗せた船が米軍管轄海域に入り込み、米軍に拘束されたこともありました。結局、1000億円をこえる開発費を投入した「むつ」は原子力船としては未完成のままに終わり、日本の原子力船開発計画は頓挫しました。

◆アカデミック・ハラスメント

私は、『日本の原子力発電』(日本原子力研究所の故・中島篤之助氏との共著、新日本出版社)、『原発と環境』(ダイヤモンド社)等いくつもの出版物を刊行していたこともあって、やがて原子力開発政策を批判する有力なイデオローグと見られるようになり、科学技術庁や電力産業から敬遠され、抑圧されるようになりました。

1970年代のある時期から、私は東京大学医学部放射線健康管理学教室の中で教育業務を一切外され、教授の許可なく研究発表も許されず、隣席には電力企業差し回しの偵察係が派遣され、講演に行けば東京電力の「安斎番」の尾行がつき、週刊誌等に私の談話等が掲載されれば文献抄読会の席上で主任教授に面罵され、教室員には「安斎とは口をきくな」という指示が出され、他大学の人事に応募すればさまざまな妨害が入るという、枚挙に暇がないほどの抑圧状況下に置かれました。

厳しい抑圧状況は、1979年3月28日のアメリカのスリーマイル原発の深刻な事故（「過去の原発事故の包絡線を越える事故」と言われた）まで続きましたが、その事故の後、主任教授に「君とは生涯良い論敵でありたい」と言われて、ある意味での市民権を獲得しました。つまり、安斎が日ごろ警告していることもあながちウソではないらしいと主任教授も感じたのでしょう。

私は研究者が研究の成果を発表するのは固有の権利と考えていましたから、主任教授の許可を得ずに学会で発表していましたし、日本保健物理学会(放射線防護学分野の専門学会。「保健物理」という名称は、アメリカがマンハッタン計画で原爆を開発していた時代に外部に悟られないように付けた隠語のようなもの）の理事選挙では最年少で繰り返し当選し、70年代の後半には庶務理事や事務局長を務めたこともありました。当時の学会会長は黒川良康・動力炉核燃料開発事業団安全管理室長でしたが、『原子力工業』誌には、「会長が推進派で、庶務理事が反対派で大丈夫か」といった編集後記が書かれたりしました。理事会の帰り東京電力のH理事に深川森下町の馬肉料理屋に誘われ、「費用は全部保証するから3年ばかりアメリカに留学してくれないか」という懐柔策を提起されたこともありました。

私はどの程度に敵対視されていたのかについて、２つのエピソードを紹介しましょう。

当時、故・川崎敬三氏が司会するテレビ朝日の「アフタヌーンショー」という番組がありましたが、ある時、地域社会に原発を導入する上で決定的な役割を果たした「電源３法」生みの親・田中角栄首相の出身地である新潟県柏崎・刈羽原発の地域住民と、森山欣司・科学技術庁長官が対話するという企画があり、私にも住民サイドでの出演依頼がありました。しかし、本番前日、東大の研究室に番組ディレクターから電話があり、「相手が安斎なら私は出演しない」と森山氏が言っているという理由で出演辞退を懇請されたのです。私は科学技術庁長官に嫌悪される存在だったようです。

１９７５年に開かれた東大工学部原子力工学科の創設15周年のパーティには出席する立場にはありませんでしたが、後日主任教授から聞かされたところでは、科学技術庁筋の来賓から、「原子力工学科は多くの有為の人材を送り出してきた点で高く評価されるが、安斎を生み出した点では功罪半ばだ」という趣旨の挨拶があったというのです。「君は国からその程度に敵視されていることを自覚して振舞え」という警告だったのでしょうが、もしもこの話が本当なら、私はその程度に「高く」評価されていたということになります。

こうした厄介なハラスメント環境を遣り過ごすことができた背景には、①生き方について自分なりの信念を培っていたこと、②東大では孤立無援だったが、大学の外には価値観を共有しうる日本科学者会議（会員約1万人だった）の仲間たちがいたこと、③専門の学会では被曝線量評価の専門家としてそれなりに評価され、学会最年少の理事として若手を中心に持続的な支持を得ていたこと、④配偶者が「万年助手生活」を理解し、幼子二人を抱えながらも支え続けてくれたこと、等があると感じています。

批判者を垣根の向こうに追いやって、自由にものを言わせないばかりか、日常的に不快な思いを体験させ、「改心」や「屈服」を迫る―こうした反人権的な構造的・文化的暴力は、自由な批判精神の発露の上に行きつ戻りつしながら安全性を一歩一歩培っていく技術開発思想とは対極のもののように思われます。「私に自由にものを言わせないこの国の原発開発が安全である筈がない」―私は肌でそう感じ続けていました。

◆万年助手生活の終焉

私は、1986年、立命館大学経済学部の「自然科学概論」担当教員の公募に応募しました。原子力工学科あるいは原子核工学科のような学科をもつ大学が少ない中で、放射線防護学者の需要は多くはありませんでした。しかも、たまにその種の人事に応募しても、「反原発のスター安斎育郎氏」といった特集を組んだ雑誌が選考委員会に送りつけられたりするなど、妨害も覚悟しなければなりませんでした。

私は「転身」の意を決し、「自然科学概論」にチャレンジする覚悟を決めました。専門家としては寂しいことに相違ありませんが、私のように原子力、核兵器、平和とその間口を拡大しつつあった研究者には、研究・教育生活の自由な組み立てができそうな新天地への期待感も少なからずありました。幸い立命館大学に教授として赴任することが決まると、朝日新聞が「名物の〝万年助手〟また一人東大去る」といった記事を書いたりしました。当時、東京大学には、『公害原論』で著名な宇井純氏をはじめ、反体制的と見做されて助手のポストに長

安斎育郎・立命館大教授が明かす

東大〝助手「ガラスの檻《おり》」に幽閉17年

大学という閉鎖社会にはびこる妬み、いじめ、足の引っ張り合いを、本誌はセクハラならぬアカデミック・ハラスメントと名づけた。編集部には、多くの大学関係者から共感が寄せられている。第四弾は、かつて宇井純氏らとともに、「東大の万年助手」と呼ばれた安斎育郎立命館大教授が、十七年間の助手生活を語り、大学の体質を問う。

——大学教員の閉鎖性を、学内の人たちが相次いで告発しています。実態をどう見ますか。

東大を出たころに、広島大学で十七年間助手をした人が学部長を殺す事件があった。あれと

だれも口きかず 孤立無援の日々

大学院のころからこの教室に入り浸って助手になったのです。ある意味では、異端的存在でした。とりわけ助手になってから、国の原発政策に批判的な活動を遠慮なくしてきたから、僕の体験は尋常ではないと思う。

いう記憶だったのでしょう。

当時、僕は原発予定地の住民から呼ばれて各地で講演していました。新潟県のある村に赴いたとき、電力会社の「安斎番」の社員が見え隠れしながらついて来て、講演の一部始終をテープに取って主任教授に届けていた。それで翌日、大学に行くと教授から、「昨日、こんな話をしただろう。けしからん」とい

放射線防護管理学教室には、教授以下、大学院生を含めて十人前後がいましたが、その時期から、基本的には、朝から夕方までだれも僕とは口をきかない、一緒に並んで歩かない、メシも一緒に食べない、写真に僕と一緒に写ったら最悪だといわれる日々が始まりました。そんな生活が何年も続いた。

——そこまでいじめる。

名物の〝万年助手〟 また一人東大去る

宇井純氏らとともに〝東大の万年助手〟といわれてきた同大医学部助手で放射線防護学専攻の安斎育郎さん(四五)＝写真＝

が、四月一日から立命館大学経済学部の教授になる。十六年にわたる助手生活にサヨナラするわけで、「月給もこれまでより良くなるようです」。宇井氏も四月から沖縄大教授になることが決まっており、これで名物の〝万年助手〟が相次いで東大を去ることになる。

立命館大での担当は「自然科学概論」。「授業では、まず、スライドを使って核問題を話してみたい」と、意欲満々。

上は1992年10月の「週刊朝日」の記事、下は1986年3月5日の「朝日新聞」

年留まっている教官が少なからずいました。その頃、広島大学工学部の助手が、17年間の助手生活の末に学部長を殺害する事件が起こり、世間を驚かせていました。私の場合は、後に『週刊朝日』が「ガラスの檻に幽閉17年」という小特集記事を組んだ程でしたから、それなりに「万年助手」として名が知られていたのでしょう。「とかくして四十路なかばの京の春」—１９８６年４月から立命館への移籍が決まった時に詠んだ句です。

こうして私は東京大学から京都の立命館大学に移り、異なる人生を歩み始めました。

◆立命館赴任後から「ＫＳ電力見学拒否事件」まで

私が東京大学から京都の立命館大学に移籍することになった１９８６年４月、東京電力関係者は喜び、関西電力関係者はがっかりしたといううわさが聞こえてきました。私を深川の「蹴っ飛ばし屋」（馬肉料理屋）でアメリカ留学に誘った東京電力のＨさん、何かと学会の研究発表会のたびに接触があった関西電力のカリスマ的なＡさんや生真面目なＫさん—そうした人々は確かにそのような感懐をもったかもしれません。実際、私は立命館への移籍後、原発問題よりは２つの別のテーマに忙しい日々を送るようになりました。

❶オカルト・超能力批判

第1は、担当の「自然科学概論」の授業の組み立てです。経済学部、経営学部、産業社会学部、文学部などの自然科学概論の講義は「大講義」で、受講生は400〜800人、板書をしても後ろの方からは見えないので、印刷した資料を何枚も用意して授業に臨みます。当時は教員が自ら印刷室で作業して講義場まで持って行ったのですが、800人の受講生に6頁建の資料をつくると約5000枚、これを運ぶのはかなり重労働です。

最初の1〜2年は生真面目に生命の進化を辿る形で講義を組み立てたのですが、学生の反応は余り芳しくありませんでした。ふと社会を見ると、1990年前後はオウム真理教や法の華三法行や自己啓発セミナーなど、何やらカルトばやりです。バブル経済が崩壊に向かい、人々が頼るべき何かを求めていた頃に現れた大小のカリスマたちが、怪しげな説法や「空中浮揚」などの「超能力」まがいの技で人々を幻惑させ、それこそ「カルト・クラスター」をそこここにつくり出していました。オウム真理教の場合には、東大、京大、早稲田、慶応といった名だたる大学を出た若者が麻原彰晃教祖に心寄せ、社会から隔絶された教団生活を送りながら、敵対する人々をサリンやVXガスで攻撃する極めて反社会的な危険な様相を呈していました。私は「自然科学概論」の講義を、オカルト・超能力・占い・予言といったちょっと「危ない」テーマで構成し、「科学的な見方・考え方」を伝える方向に転換しましたが、この講義は予想通りの評判を呼び、マスコミでも何度も私の講義が取り上げられるようになりました。実は私は中学1年のころから手品を趣味とし、東京大学教養学部時代には「東京大学奇術愛好会」第3代会長を務めていましたので、

「スプーン曲げ」の技や「超能力」まがいの予言マジックなどはお手のものでした。

私は1992年、物理学者の壽岳潤さん大槻義彦さんらと「超自然現象を批判的・科学的に究明する会」（ジャパン・スケプティクス）を立ち上げて会長になり、超能力・占い・予言・未確認飛行物体といったものを科学的に究明する活動に取り組みました。当然、オウム真理教の麻原教祖の「空中浮揚」なるものも「胡坐《あぐら》ジャンプに過ぎない」として批判していましたので、ついに大槻義彦教授ともども、オウム真理教の機関誌『ヴァジラヤーナ・サッチャ』第2号で「超能力批判の急先鋒」として批判されるに至りました。オウム真理教は「敵対者は殺す」ことも辞さない反社会的な集団でしたので、数カ月にわたって続いていた夜中の無言電話攻撃などがあったあの頃は、ちょっと厄介な時期でした。

私の「自然科学概論」や「科学的な見方・考え方」の講義は人気講義となり、出版物も、『「超能力」を科学する』（かもがわ出版、1990年）『科学と「超能力」――「なぜ」と問うこころ』（かもがわ出版、1990年）『占いってなんだろう』（岩崎書店、1992年）、『超能力ふしぎ大研究』（労働旬報社、1993年）、『超常現象の科学─世の中の不思議には表と裏がある』（ごま書房、1994年）、『科学と非科学の間─超常現象の流行と教育の役割』（かもがわ出版、1995年／筑摩書房、2002年）、『人はなぜ騙されるのか─非科学を科学する』（朝日新聞社、1996年／朝日文庫、1998年）、『「科学する心」を育てる』（保健医療研究所、2000年）、『だからあなたは騙される』（角川書店、2001年）、『不思議現象の正体を見破る─超能力や心霊現象に、人はなぜ騙されるのか』（河出書房新社、2001年）、『霊はあるか―科学の視点から』（講談社、2002年）、『こっくりさんはなぜ当たるのか』（水曜社、2004年）、『だます心 だまされる心』（岩波書店、2005年）、『騙される人 騙されない人』（かもがわ出版、2005年）、『だまされない極意―私たちはどう生きればいいんだろう？』（日本機関紙出版センター、2006年）など、数多く執筆しました。2004年にはNHKテレビが「人間講座：だます心 だまされる心」全8回を放映し、翌年には「世界一受けたい授業」でも心霊手術を演じるなど、私は「反原発の科学者」よりはむしろ「オカルト評論家」として世間に知られるようになっていました。だから、2009年に関西電力が私を「先生は原発に激しく反対されていて、長年その運動をされてきた方」という認識を示した時、「オヤッ、ずいぶん遅ればせながら！」と感じたものです。

❷平和博物館運動

1986年に立命館大学経済学部に移った私は、2年後の1988年、新設の国際関係学部に移籍しました。そして、「平和と民主主義」の教学理念を掲げる立命館大学が、「平和のための京都の戦争展運動」に取り組む市民と共同して「国際平和ミュージアム」を立ち上げるための設立準備室に参画することになりました。

大学立の総合的平和博物館としては世界初の試みでしたが、ミュージアムは1992年5月に開設され、初代館長に評論家の加藤周一客員教授を迎え、私は館長代理を務めることになり、「おだいりさま」と呼ばれました。

開設から間もなく、市民たちが「平和のための京都の戦争展」運動の延長線上で、国際平和ミュージアムを拠点に平和活動に取り組みたいという相談を受け、私も顧問を務める形で「平和友の会」が結成されました。学習意欲に富んだ人々で、来館者に対するガイド業務に取り組みながら頻繁に学習会を開催し、やがて「安斎育郎先生と行く平和ツアー」を組織するようになりました。各地の平和博物館や戦跡を訪ね、現地の人々と交流や意見交換を行う生真面目なツアーで、2013年には原発事故についての認識を深めるために福島を訪れ、二本松市の私の母校の小学校で校長先生や教頭先生から事故に対処した体験談を聞く機会も作りました。

私と平和博物館とのかかわりは年々広く、深くなり1994年には日本平和博物館会議の結成に参画、1995年にはオーストリアのシュタット・シュライニングで開催された第2回国際平和博物館会議に参加、1998年には大阪国際平和センター（ピースおおさか）と共同して第3回国際平和博物館会議を主催、「平和のための博物館市民ネットワーク」も立ち上げて、日英両文のニューズレター『ミューズ』を編集するなど、それなりに重要な役割を担うようになりました。国際平和博物館会議は、世界の平和博物館の連携組織である「平和のための博物館国際ネットワーク」(International Network of Museums for Peace, INMP) が3年おきに主催するもので、私はその役員も務めていました。そして、2008年には広島平和記念資料館や京都造形芸術大学（現在の京都芸術大学）と共同して第6回国際平和博物館会議を組織し、国際的にも高い評価を得ました。だから、翌2009年に「関西電力見学拒否事件」が起こったころは、私は平和博物館の仕事にかなり忙しい日々を送っていました。その意味でも、「反原発の闘士」であるかのように私を「再発見」した関西電力京都営業所地域共生係長Zさんの認識に、私は20年ぐらい時代を引き戻されたような感じを覚えました。

ちなみに、私は2018年〜2020年は「平和のための博物館国際ネットワーク」のジェネラル・コーディネータを務め、世界各国の役員と協力してネットワークの組織・財政再建に取り組み、2020年9月には記念すべき第10回国際平和博物館会議をバーチャル・オンライン会議として大きな成功に導きました。

3　そして、あの日

◆隠すな、ウソつくな、過小評価するな！

２０１１年3月11日午後2時46分、私は京都の近鉄桃山駅の近くの大手筋伏見商店街の喫茶店にいました。メールを確認していると突然軽いめまいを感じ、平衡感覚を確認しようとあわてて視線を上げてみたら、喫茶店の観葉植物がゆらゆらと揺れていました。地震だったのです。

おかしなことですが、私は、平衡感覚のゆらぎが70歳をこえた私の脳の異常によるものではなく、地震であったことに一瞬の安堵を覚えました。しかし、その揺れの源が遠く５００Km も離れた福島沖で発生したマグニチュード9・0という日本の地震観測史上かつてない大地震によるものとは知る由もなく、程なくして電車で家路につきました。

　テレビをつけると、東北地方はとんでもないことになっていました。通常番組はすべて緊急地震速報番組に置き換えられ、すでに太平洋沿岸の北海道から小笠原地方、四国までと青森県日本海沿岸には大津波警報が、また、北海道日本海沿岸南部や東京湾内湾、伊勢湾、瀬戸内海の一部、九州、南西地方には津波警報が出されていました。その広さに、私は驚愕しました。

　やがて、テレビには襲いかかる津波の恐るべき破壊力が映し出されました。初めは港の船が津波に翻弄されて川をさかのぼり、橋に激突して沈没する様子が放映されましたが、見る間に津波は堤防を越えて街を呑み込み、激流となって車も家も何もかも押し流し始めました。

　東日本大震災では、検潮できる範囲をはるかに超える津波でしたので、津波の高さは、主に津波の痕跡等から推定したものですが（下の図）、津波の高さは、福島県と岩手県では痕跡高が15ｍを超え、遡上高は所により30～40ｍに達しました。

　東北各地の地震発生時の激震の様子が映されるにつけ、この地震が私の70年間の人生で出合ったことのない、途方もないものであること

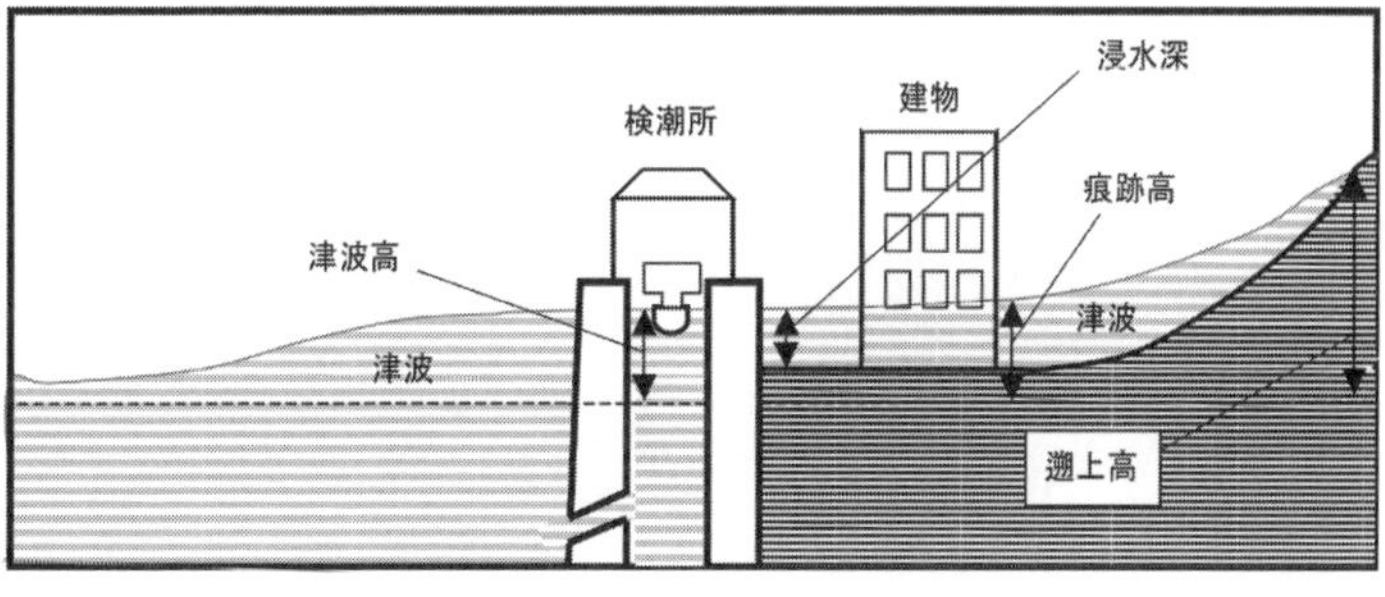

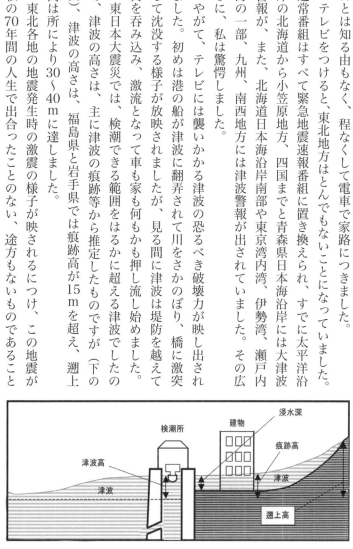

が分かりました。実際、後に確定したこの地震のマグニチュード9・0のエネルギーは、広島原爆3万2000発分に相当します。

　職業柄というべきでしょうか、すぐに頭をよぎったのは東北地方の原発のことでした。とりわけ、福島の原発は大丈夫かということでした。前節で紹介した通り、私は1940年の東京生まれですが1944（昭和19）年から5年間、空襲を逃れて父母の故郷である福島県二本松に疎開していましたし、1970年代には足しげく太平洋沿岸の浜通り地方に通って、そこに生活する地域の人びとと原発反対運動に取り組んできました。福島は私にとって第二の故郷であり、私の仲間たちの命運を案じるのは当然のことでした。

　私は原発反対運動の同志ともいうべき双葉郡楢葉町の浄土宗の古刹・宝鏡寺第30世住職・早川篤雄さんに電話してみました。応答がありません。どうも早川さんは、かねて用意してあった境内の地下シェルターに避難していたようです。初期の放射能による被曝を防ぐ効果は確かにあったと思われますが、地下シェルターは電波を一切遮断して

津波被害の痕跡

しまいます。電話が通じなかったのは、そのせいだったようです。

事故当日の午後6時ごろ、私は共同通信社から電話取材を受けました。記者は、あれこれの質問の後、「先生、原発を推進してきた政府や電力企業筋に何か言いたいことはありませんか？」と聞きました。私はとっさに、「『隠すな、ウソつくな、過小評価するな！』、『最悪に備えて最善を尽くせ！』と伝えて下さい」と答えました。翌日の新聞に、それはそのまま紹介されました。

私は、国内外の報道関係者の

上・シェルターを出る早川篤雄さん　下・宝鏡寺本堂

夜討ち朝駆けの取材攻勢にさらされるようになりました。ちょうど4月に70歳の定年を迎えることになっていた私は、「安斎科学・平和事務所」を設立して社会的活動の拠点にする予定でした。3月31日までは立命館の国際平和ミュージアムの名誉館長室が拠点でしたが、4月1日からは京都駅前に事務所を借りて活動を始めるところでした。新幹線ホームまで歩いて7分という、講演活動が多かった当時の私にとっては便利のいい場所でしたので、4月以降の取材は概ねここで対応しました。ビルの8階の事務所には、テレビ局が、新聞記者が、そして、ルポライターがひっきりなしに訪れ、福島に行きたいという思いは叶えられぬままに日数《ひかず》を重ねていきました。

◆原発は深刻な事態に

事故を起こした東京電力福島第一原子力発電所の原子炉は、もともとアメリカで開発された沸騰水型軽水炉です。燃料棒の中で起こる核分裂反応の膨大なエネルギーで加熱される燃料を水(冷却水)で冷やし、発生した水蒸気でタービンを回して発電する原理です。冷却水を喪失すると、核燃料はたちまち溶融し、内部に貯め込んだ放射性核分裂生成物が放出されてしまいます。冷却能力が保たれているかどうかは、この原発の生命線です。

事故の大要については、東京電力ホールディングスがまとめた資料の「むすび」に次のように書いてあります。

想定を超える巨大津波ではあったが、１９７９年までに建設された古い原子力発電所である福島第１（１―６号機）でのみ外部電源全喪失に見舞われたうえ、最も古い原子炉である1号機が、他の原子炉に比べて非常に早く冷却材喪失状態に入ってメルトダウンし、溶けた燃料の一部は格納容器にまで達した（メルトスルー）。古い炉ほど、深層防護のゆとりがなく、想定外の事態で壊れやすかった。１号機の事故がなければ、恐らく、２―４号機は事故に至らず回復した可能性が高い。しかし1号機は事故月で使用40周年を迎える古い炉であるにもかかわらず、更に10年の延長運転が認可されていた。古い炉は脆性破壊の問題もあり、今後根本的な再検討が必要だろう。

津波の影響は研究されなかった訳ではない。（独）原子力安全基盤機構の報告書「平成21年度地震に係る確率論的安全評価手法の改良＝ＢＷＲの事故シーケンスの試解析」では、波高レベル23ｍまでで解析し、「海水冷却ポンプは、海岸の近くに位置しその設置レベルが相対的に低いため、津波による海水冷却ポンプの機能喪失が炉心損傷頻度算出に重要なパスになることが分かった」といった、今回の海水冷却ポンプ全壊の危険性を言い当てたような記述もある。今回の事故の教訓から、津波に限らず広範囲の対策が提案されている。技術は失敗を繰り返して信頼性を高めて来たという過去の歴史はあるが、原発の失敗の影響はあまりに巨大である。今後は、行政や電力会社の姿勢が劇的に変化し、安全性も高まるとは思われるが、想定＝コストという問題がいつもつきまとう以上、国民の間に広がった不安感を払しょくし、否定の流れを引き戻すのは容易な道のりではない。

❶津波は想定を超えていた、❷事故炉では核燃料溶融（メルトダウン）だけでなく、溶融核燃料が原子炉容器の底を突き破って格納容器にまで噴出するメルトスルーも起きた、❸古い原子炉ほど壊れやすいから、運転延長が認められているとはいえ、根本的な再検討が必要だ、❹事故以前に、津波による海水冷却ポンプの機能喪失が重要な要素になることを指摘した研究もあった、❺技術は失敗を繰り返して信頼性を高める歴史があるが、原発の失敗の影響はあまりに巨大である、❻国民の不安を払拭するのは容易な道のりではない――。そこに書いてあることにウソはないとしても、すべて「後の祭り」でした。この事故は、❶想定を超えるような事態は起こり得ること、❷核燃料のメルトダウン、メルトスルーが実際に起きたこと、❸老朽化しても使える内は使うという経済優先の原発運転政策は危険なこと、❹警告は無視されてはならないこと、❺巨大な危険を内包する原発では失敗が許されないこと、❻国民の不安は容易には消えないこと、を教えてくれました。

事故発生後、福島第1原発の原子炉は次々と想定外の深刻な事態を起こしていきました。東電の報告に基づいて整理すると、次のようです。

〈1号機〉

地震発生時、1号機は直ちに制御棒が挿入され、自動停止しました。地震によりすべての外部電源を失いましたが、非常用ディーゼル発電機が自動起動し、炉心の冷却が始まりました。しかし、地震から約50分後に襲った津波による浸水のため、非常用ディーゼル発電機やバッテリー、電源盤などすべての電源を失い、それによって冷却系が機能を喪失しました。加えて、監視・計測機器も電源を失って機能しなくなったため、原子炉や機器の状態を確認できなくなりました。圧力容器内の水は蒸発し続け、約4時間後、燃料が水面から露出して、炉心溶融が始まりました。

露出した燃料棒の表面温度が崩壊熱（核燃料に溜まった放射性物質による発熱）により上昇したため、燃料棒の表面が圧力容器内の水蒸気と反応して、大量の水素が発生しました。格納容器の損傷した部分から漏れ出た水素が原子炉建屋上部に溜まり、何らかの原因で引火して3月12日午後3時36分に水素爆発を起こしました。また、メルトダウンした溶融核燃料が圧力容器の底を突き抜けて格納容器の床面のコンクリートを侵食しました。水素爆発で周辺には瓦礫が散乱して作業の妨げになり、2号機、3号機への対応が遅れました。

〈2号機〉

2号機も地震発生とともに制御棒が挿入され、自動停止しました。外部電源をすべて失いましたが、非常用ディーゼル発電機が自動起動し、冷却系も運転できました。その後、津波による浸水により、非常用ディーゼル発電機やバッテリー、電源盤などのすべての電源を失い、計器による監視や計測や操作もできなくなりました。

ここまでは、1号機とほぼ同じでしたが、2号機では原子炉隔離時冷却系が津波襲来前から動作しており、全電源を失った後もこれが動き続けたことから、約3日間は原子炉に水を注ぐことができました。この間、電源盤に電源車をつなぎ、電源確保の作業を進めていましたが、12日午後3時36分に1号機で起きた水素爆発によってケーブルが損傷し、電源車が使用不能になりました。また、14日の午前11時1分には3号機で水素爆発が発生し、準備が終わっていた消防車とホースが損傷し、使えなくなりました。同日午後1時25分に原子炉冷却系が停止し、水位が低下、炉心溶融に至り、これと同時に水素が発生、原子炉建屋に漏れ出しました。不幸中の幸いとも言うべきことは、1号機の水素爆発の衝撃で2号機の原子炉建屋上部のパネルが損傷したため水素が外部へ排出され、建屋内での水素爆発が起こらなかったと思われることです。ところが、一番たくさん放射能を外部環境に放出したのは、まさに2号機でした。1、3号機では、圧力抑制プールの水である程度放射性物質を取り除いてから外に気体を放出する「ベント」という操作が成功したのに対し、2号機ではベント操作に失敗し、格納容器から直接放射性物質を含む気体が漏れ出しました。

〈3号機〉

地震発生時、3号機でも直ちに制御棒が挿入され、原子炉が自動停止しました。外部電源をすべて失いましたが、非常用ディーゼル発電機が自動起動し、冷却系の運転ができました。その後の津波による浸水で交流電源をすべて失ったものの、直流電源設備が1、2号機より少し高い位置にあったことから浸水を免れ冷却系の運転・制御を続けられただけでなく、計器類による原子炉の監視も続けられました。1日半ほど注水を続けた後に水位が低下し、水素が発生するとともに炉心溶融に至りました。その後、消防車による注水を始めましたが、格納容器から漏れ出した水素によって3月14日午前11時1分に水素爆発が起きました。

〈4号機〉

地震発生時、4号機は定期検査のため運転停止中で、原子炉の燃料は全て使用済燃料プールに取り出されていました。津波による全電源喪失で、使用済燃料プールの除熱機能も注水機能も失われたため、蒸発による水位低下が懸念されていました。また、3月14日午前4時8分の段階で、使用済燃料プールの水温は84度あったため、燃料上端まで水位が下がるのは3月下旬と予想していました。しかし、3号機のベントに伴って水素が排気管を通じて4号機に流入したため、3月15日午前6時14分頃、4号機の建屋内でも水素爆発が起こりました。

◆結果として放出された大量の放射能

こうした経緯で、核燃料の中に封じ込められていたはずの強烈な放射能が、核燃料の溶融と水素爆発による建屋の破損のために大量に外部環境に漏れ出し、きわめて深刻な放射能汚染を引き起こしました。

政府は地震が起きた当日、原発から３Km以内を避難・避難指示を出すとともに、３～10キロに屋内退避を指示し、翌12日には避難指示を20キロ圏内まで拡大しました。２日後の３月14日、通商産業省の原子力安全・保安院は20キロ以内の住民への屋内退避を呼びかけ、翌日には20～30キロ圏内に屋内退避を指示しました。10日後には20～30キロ圏内の市町村に対し、住民に自主避難を勧めるよう要請し、28日には20キロ圏内への立ち入り規制を続けることを決めました。そして、４月１日、20キロ圏外の地域にも「計画的避難区域」を定め、１カ月以内を目安に避難するよう促しました。４月11日付の経済産業省のホームページには、「事故発生から１年の期間内に積算線量が20ミリシーベルトに達するおそれのある区域を『計画的避難区域』とする」とあり、対象地域は、葛尾村、浪江町、飯舘村、川俣町の一部、南相馬市の一部が含まれるとあります。

当初、私は、政府の避難指示などが、原発を中心とする同心円状の地域に出されていることを訝しく思っていました。放射性物質はどちらの方向にも均等に広がるものではなく、事故時の風向に大きく左右されます。また、いつどの地域に放射能が降下するかは風速や降雨量や地形に大きく影響されます。環境中での放射性物質の動きはとても複雑ですから正確に予測するのは大変ですが、専門家は「緊急時迅速放射能影響予測ネットワークシステム（SPEEDI＝スピーディ）」という呼び名のコンピュータ・プログラムを開発し、25年ほど前から運用してきました。文部科学省は、福島原発事故後の3月12日2時48分、1号機の格納容器圧力の上昇を踏まえて、万一放射能が放出された場合に備えて24時間後までの拡散を予測し、18時過ぎには水素爆発の事実を踏まえた計算も行なっていました。また、原子力安全・保安院（経済産業省）も11日の夜から15日にかけて42件の計算を試みていたということですが、それにもかかわらず、住民への退避指示は「同心円」で行なわれたのです。私が4月に現地を調査した範囲でも、放射線のレベルは原発の北西側で相対的に極めて高い値を示し、明らかに同心円的な拡散とは似ても似つかぬ分布でした。

計画段階でならいざ知らず、いったんある場所、ある季節に事故が起きたとなれば、地形的・気象的特性を踏まえた上でより現実的かつ合理的な退避エリアの勧告がなされる必要があるでしょう。福島原発事故の場合は、この季節には北西の風が山と山に挟まれた谷筋を通って放射能を運び、浪江町・飯舘村・川俣町に高い濃度の放射性降下物を降らせましたが、その後もやや高い放射線レベルを観測した福島市はその延長線上にありました。この「帯状高汚染地帯」は30キロを越えてもなお広がっており、単に原発を起点とする同心円では判断できないことを教えています。「100億円を投じたSPEEDIが、100円ショップのコンパスに負けた」と揶揄されるでき事でした。

◆原子力工学科同期生からの連絡

私は1964年に東京大学工学部原子力工学科をその第1期生として卒業したことはすでに紹介しましたが、同期生15人のうちすでに2人は鬼籍に入りました。1期生は今でも1年に一度、東京駅周辺の飲み屋に集まって、同期会を開いています。2011年も幹事から、「4月15日に東京で同期会をやりたい」旨の案内がありましたが、私は、3月末時点でなお見定めのつかない福島原発事故の実態に照らして「楽しく語らう気にはなれない」旨を伝え、会を延期するよう提案するとともに、「皆さん、事故収拾に知恵を貸して下さい」と訴えました。その理由は、「(皆さんは) 保安院や政府に対しても私などよりずっと影響力があり、チャンネルもお持ちだろうと思うからです。私は政策批判の側に身を置いたので、所詮は犬の遠吠えのようなことしかできません。それはそれで続けるつもりですが、皆さんのお力でこの国の災厄を解決するために可能なチャンネルを活用して思うところをご提起いただきたく、不遜にも呼びかけた次第です」と説明しました。

やがて、同期生の一人から、原子力政策に関わってきた重要な人々16名の名において、3月30日付で政府に「福島原発事故についての緊急建言」を提出した旨が伝えられてきました。原子力安全委員長、日本原子力学会会長、放射線影響研究所理事長などを経験した錚々たる面々です。中には原子力工学科時代の私の恩師も含まれています。こんなことは歴史上初めてのことでしょう。

「建言」は、以下のとおりです。

福島原発事故についての緊急建言

はじめに、原子力の平和利用を先頭だって進めて来た者として、今回の事故を極めて遺憾に思うと同時に国民に深く陳謝いたします。

私達は、事故の発生当初から速やかな事故の終息を願いつつ、事故の推移を固唾を呑んで見守ってきた。しかし、事態は次々と悪化し、今日に至るも事故を終息させる見通しが得られていない状況である。既に、各原子炉や使用済燃料プールの燃料の多くは、破損あるいは溶融し、燃料内の膨大な放射性物質は、圧力容器や格納容器内に拡散・分布し、その一部は環境に放出され、現在も放出され続けている。

特に懸念されることは、溶融炉心が時間とともに、圧力容器を溶かし、格納容器に移り、さらに格納容器の放射能の閉じ込め機能を破壊することや、圧力容器内で生成された大量の水素ガスの火災・爆発による格納容器の破壊などによる広範で深刻な放射能汚染の可能性を排除できないことである。

こうした深刻な事態を回避するためには、一刻も早く電源と冷却システムを回復させ、原子炉や使用済燃料プールを継続して冷却する機能を回復させることが唯一の方法である。現場は、このために必死の努力を継続しているものと承知しているが、極めて高い放射線量による過酷な環境が障害になって、復旧作業が遅れ、現場作業者の被ばく線量の増加をもたらしている。

こうした中で、度重なる水素爆発、使用済燃料プールの水位低下、相次ぐ火災、作業者の被ばく事故、極めて高い放射能レベルのもつ冷却水の大量の漏洩、放射能分析データの誤りなど、次々と様々な障害が起り、本格的な冷却システムの回復の見通しが立たない状況にある。

一方、環境に広く放出された放射能は、現時点で一般住民の健康に影響が及ぶレベルではないとは云え、既に国民生活や社会活動に大きな不安と影響を与えている。さらに、事故の終息については全く見通しがないとはいえ、住民避難に対する対策は極めて重要な課題であり、復帰も含めた放射線・放射能対策の検討も急ぐ必要がある。

福島原発事故は極めて深刻な状況にある。更なる大量の放射能放出があれば避難地域にとどまらず、さらに広範な地域での生活が困難になることも予測され、一東京電力だけの事故でなく、既に国家的な事件というべき事態に直面している。

当面なすべきことは、原子炉及び使用済核燃料プール内の燃料の冷却状況を安定させ、内部に蓄積されている大量の放射能を閉じ込めることであり、また、サイト内に漏出した放射能塵や高レベルの放射能水が環境に放散することを極力抑えることである。これを達成することは極めて困難な仕事であるが、これを達成できなければ事故の終息は覚束ない。

さらに、原子炉内の核燃料、放射能の後始末は、極めて困難で、かつ極めて長期の取組みとなることから、当面の危機を乗り越えた後は、継続的な放射能の漏洩を防ぐための密閉管理が必要となる。ただし、この場合でも、原子炉内からは放射線分解によって水素ガスが出続けるので、万が一にも水素爆発を起こさない手立てが必要である。

事態をこれ以上悪化させずに、当面の難局を乗り切り、長期的に危機を増大させないためには、原子力安全委員会、原子力安全・保安院、関係省庁に加えて、日本原子力研究開発機構、放射線医学総合研究所、産業界、大学等を結集し、我が国がもつ専門的英知と経験を組織的、機動的に活用しつつ、総合的かつ戦略的な取組みが必須である。

私達は、国を挙げた福島原発事故に対処する強力な体制を緊急に構築することを強く政府に求めるものである。

平成23年3月30日

青木芳朗（元原子力安全委員）、石野栞（東京大学名誉教授）、木村逸郎（京都大学名誉教授）、齋藤伸三（元原子力委員長代理、元日本原子力学会会長）、佐藤一男（元原子力安全委員長）、柴田徳思（学術会議連携会員、基礎医学・総合工学委員会合同放射線の利用に伴う課題検討分科会委員長）、住田健二（元原子力安全委員会委員長代理、元日本原子力学会会長）、関本博（東京工業大学名誉教授）、田中俊一（前原子力委員会委員長代理、元日本原子力学会会長）、長瀧重信（元放射線影響研究所理事長）、永宮正治（学術会議会員、日本物理学会会長）、成合英樹（元日本原子力学会会長、前原子力安全基盤機構理事長）、広瀬崇子（前原子力委員、学術会議会員）、松浦祥次郎（元原子力安全委員長）、松原純子（元原子力安全委員会委員長代理）、諸葛宗男（東京大学公共政策大学院特任教授）

私は大変驚くとともに、「よくぞ言ってくれた」と幾分の安らぎを覚えました。「建言」の最後の部分は不気味でさえあります。この国の原子力開発を主導してきた人々でさえ、政府が科学者・技術者の総力を結集する体制ができていないと感じる危うさが、この原発事故の危機を象徴しています。私は引き続き「隠すな、ウソつくな、過小評価するな」、「最悪に備えて、最善を尽くせ」の声を上げ続けることが不可欠であるとの思いを再確認しました。

◆国際平和ミュージアムで緊急講演会（2011年3月23日）

状況がなお流動的で、十分な事故の見立てができない状況のもとでも、専門家はその社会的役割を果たすことを期待されます。事故からわずか12日後、立命館大学国際平和ミュージアムは、私を講師とする緊急講演会を開催しました。以下に、当日の講演資料を紹介します。

東北関東大震災に伴う原発事故について

立命館大学名誉教授　安斎育郎

1　未曾有の大地震

２０１１年3月11日午後2時46分、東北地方の太平洋沖でマグニチュード9・0の超巨大地震が発生した（東北地方太平洋沖地震、震災名は：東北関東大震災）。そのエネルギーは２０１１年2月22日に起きたニュージーランド地震の約1万１０００倍、１９９５年1月17日の阪神淡路大震災（兵庫県南部地震、マグニチュード7・3）の約３５０倍、１９２３年9月1日に起きた関東大震災の約45倍に相当する激甚なもので、明治時代に地震観測体制がしかれて以来、史上最大の地震であり、超巨大ツナミ（津波、tsunami）が襲いかかった。

何千・何万という人々が死傷し、何十万という人々が避難生活を余儀なくされ、食料・燃料・医薬品の不足、寒さや衛生状態の悪化などの困難に直面している。加えて、大量の放射能放出を招いた福島第一原発の事故も重なり、事態はいっそう深刻化している。

2　福島第1原発の事故の態様

今回問題を起こしている福島第1原発1〜6号炉は、「沸騰水型軽水炉」と呼ばれるもので、1〜3号機は運転中、4〜6号機は運転停止中だった。

1〜3号炉では、地震により予定通り制御棒が挿入されて原子炉の運転が停止され、核分裂連鎖反応は止まった。しかし、核燃料内部に蓄積された放射性核分裂生成物が発する膨大な熱を除去するための冷却系が、つなみの影響による電源喪失によって完全に機能を失い、核燃料が破損・溶融する事態を招いた。その過程で、高温化した被覆材と水の反応で発生した大量の水素が原子炉建屋内に漏れ出し、1、3号機では水素爆発を起こして建屋を崩壊させ、環境中に放射能が漏出する結果となった。2号機でも原子炉圧力容器を収める格納容器下部で破壊が起こった。原子炉圧力容器には海水が注入されているが、なお十分な冷却能力が安定的に確保できるかどうか、予断を許さない。原子炉圧力容器内の核燃料の冷却が不十分なまま推移すれば、核燃料の破壊がさらに進行していく危険もあり、大量の放射性物質が放出されることが懸念される。（次ページ下段の注）

第4号機と（後に）第3号機では、使用済み核燃料の保管プールの冷却能力が失われ、同じように燃料棒が高温化して破壊し、水素ガスによる爆発も起こった。プールは密閉されていないため、ここで核燃料が破壊されると放射能がさえぎられることなく環境中に直接放出されるため、放射能放出の点では当面3、4号機の使用済み核燃料保管プールからの漏洩は非常に深刻な問題である。

　自衛隊が出動して上空から海水の注入を試み、東京消防庁のハイパーレスキュー隊も屈折放水塔車で水を注ぎ込んでいるが、その有効性の評価はなお不確実である。また、3号炉の格納容器の圧力を下げるために「ガス抜き」を計画的に行なうことも検討されており、環境への放射能放出の増大も懸念される。

　現在、事故の収拾に向けて重要なことは、以下の通りである。
(1) 核燃料を継続的に冷却する条件を安定的に確保すること、
(2) 環境への放射能放出を極力抑制する有効な手立てを講じること、
　現時点で、福島第1原発の事故が鎮静化に向かうかどうか、見通しは定かではない。この事態を乗り越えるには、①明確な指揮系統のもとで、外部からの放水による

(注) 100万キロワット原発を1年間運転すると、どんな放射性物質がどれくらいできるか?
※放射能の単位:Bq(ベクレル)=毎秒1個の割合で原子核が放射線を出して別の原子に変わっている。
〈原子炉内の放射能は膨大なので、PBq(ペタ・ベクレル=1000兆ベクレル)単位で表す〉

クリプトン85(半減期10.7年、炉心生成量22PBq)/ストロンチウム90(28.8年、190PBq)/ジルコニウム95(64日、5900PBq)/ルテニウム106(372日、700PBq)/ヨウ素131(8日、3100PBq)/キセノン133(5.24日、6300PBq)/セシウム137(30年、210PBq)/セリウム144(285日、4100PBq)/プルトニウム238(88年、3.7PBq)/プルトニウム239(24000年、0.37PBq)、その他

冷却水の供給と並行して、発電所の冷却系を有効に再起動させる努力を、原子力安全工学の専門家や消防関係の外部関係機関と共同して強力に推進すること、②使用済み核燃料貯蔵プールからの放射性物質の放出を抑制するため、冷却と並行して、物理的・化学的な封じ込め策を検討、実行すること、③国民の理解を得、不安を最小化するためには、危機管理に当たる電力企業（東京電力）、原子力安全・保安院（経済産業省）および政府は、（1）隠すな、（2）ウソつくな、（3）意図的に過小評価するな、の3原則を守りつつ、「最悪に備えて、最善を尽くす」に徹すべきである。

現在、事故処理に当たっている東京電力のスタッフは、すでに多量の放射線を被曝し、身体的・精神的に疲弊し、ストレスの極にあるように見える。電力企業の垣根を超え、専門家の知恵を有効に活用できる強力なバックアップ体制をとることが不可欠である。

3　私たちに何ができるか？

起こった事故を悔やむことはひとまず措いて、事態の本質を見極めつつその収拾を図り、放射能の環境への放出を極小化することに総力を挙げることが重要だろう。

私たちとしては、何よりも、東京電力と原子力安全・保安院および政府に対して、「隠さず、ウソをつかず、過小評価に陥らず」、「最悪に備えて最善を尽くす」よう、求め続けることが大切だ。

いま、原発周辺地域はもとより、東北地方、関東地方をはじめとして、人々の間には放射線被曝や放射能汚染に対する深刻な不安が拡大している。東京電力、保安院、地方自治体および中央政府は、環境放射線量率や大気・土壌・食品などの放射能汚染に関する速報値を、引き続きマスコミや市民がアクセスし易い形で公表し、被曝や汚染の実態に応じて関連地域の住民や滞在者に具体的かつ平明な放射線防護上の措置を示すべきだろう。

現在、原発近傍地域だけでなく、東京などそれなりの遠隔地でも放射線量率の有意な増加が観測され、放射能汚染に対する不安が広がっている。

❶避勧告が出されている地域では、事態の沈静化について明確な見通しがついていない現状では、要治療者・要介護者・子ども・妊娠可能年齢の女性などを中心に、より安全な、食料・居住・衛生・医療環境が整っている地域に移動させることを検討し、実施する。

❷原発周辺で放射線量率が（日常の数十倍の）毎時数マイクロシーベルト程度を示し続けている地域では、その線量率が放射性雲（プリューム）の通過による（天からの）ものか、あるいは、すでに地上に降り積もった放射性物質由来の（地からの）ものかも見極め、今後の対策に活かす必要がある。前者なら発生源が収まれば減少するが、後者なら（セシウム137などによる地表汚染があれば）長期化する可能性がある。

❸そのような地域では、a．不要・不急の外出は控える、b．外出時には表面の滑らかな衣服（雨が降ればレインコート）、帽子、手袋、マスク（ガーゼを濡らして入れればなお良い）の着用を心がけ、外出終了後は（可能なら）シャワーを浴び、着衣などは花粉症対策の場合と同じように付着したチリを払い（レインコートはシャワーで表面を洗い落とし）、ポリエチの袋に入れて

おくこと、c．窓を開け放たず、できるだけ密閉性に配慮すること、d．不安があれば放射線検出器でチェックする（他県から出向いたモニター・チームが避難所を巡回している可能性がある。そうでない場合は避難所で、どこに行けば可能かを聞く。チェックは短時間で済む）。
❹現状では現場の事故対策に当たっている人々以外は、急性の放射線障害に陥る心配を苦にするようなレベルでないことは確かだが、事態の成り行きが、沈静化の方向に向かうのか、悪化の危険性を孕むのかの見極めがついていないので、まずは事態の見極めと収拾が最優先であることは疑いない。しばしば官房長官の説明でも、現在周辺にもたらされている放射線被曝や放射能汚染に関して、「過度に心配するレベルではない」ことを訴えかけようと、被曝のリスクをCTスキャンなどによる医療上の被曝と比較し、「深刻なものではないので冷静に対応するよう」コメントする方法が常套化している。しかし、医療上の被曝はその見返りにガンの発見などのメリットがあるが、原発事故に由来する被曝には何の見返りもない。比較を行なうとすれば、メリットのない被曝例として「自然放射線」を挙げることは参考にはなる。自然放射線は関東〈関西〉北陸など、地域によって地殻の自然放射性物質の違いなどにより異なる。
❺食品の放射能汚染が報告されるようになっており、今後もかなりの期間、有意の放射能汚染が続くものと思われる。現在公表されている汚染レベルの食品を1年間摂取し続けたら被曝がどれくらいになるかを評価し、その結果を「CTスキャン1回分あるいはそれ以下」などとする説明は、メリットのあるものとメリットのないものを同列に比べている面で、やはり見識が

問われる。汚染状況に関する情報を公表し、それを利用することに伴うリスクの程度を示し、あとは消費者の選択の自由に委ねることになろう。その際、放射線防護学の原則からすれば、汚染した食品と汚染していない食品がある場合には、汚染していない食品を選ぶことになるが、汚染レベルが取るに足らないレベルでも、一般に、人は「数値によって理性的に怖がる」訳ではない。放射線は、身体的・遺伝的・心理的・社会的影響を伴い、心理的影響は、一般に、定量的に扱うことはできない。

4 生き越し方を振り返って

緊急炉心冷却系（ECCS, Emergency Core Cooling System）の実証性の問題は半世紀も前から疑問視され、私もアメリカの「憂慮する科学者同盟」（Union of Concerned Scientists）の検討結果を翻訳し、『原発の安全性への疑問―ラスムッセン報告批判』（水曜社）として刊行した。

私は、また、福島原発の安全性の問題に早くから関心をもち、1973年9月には、福島第2原発1号機の設置許可処分をめぐるわが国最初の公聴会に科学者として参加して意見を述べ、仲間たちと『60人の証言』を刊行した。その後、この原発については裁判を提起した。

思い起こせば、私は1972年12月、日本学術会議が開催した初めての原発問題に関するシンポジウムにおいて「6項目の点検基準」を提起し、日本の原子力発電が直面する諸問題について全面的な批判を行なっていた。70年代は、日本政府が電力企業と結びついて原発建設を批判を圧殺しながら強力に推進した時期であり、科学者・地域住民・弁護士と連携して原発政策批判に取り組んだ私は、当時、反体制的イデオローグとみなされ、尾行・差別・ネグレクト・威嚇など、さまざまなハラスメントを受けた。私は、今、約50年間原子力畑に関わってきた科学者として、原発政策批判に取り組んできたとはいいながら、結果的にこうした事態を招くことを防ぎきれなかったことに対し、地域住民の方々に心からお詫びしたい。

この講演会の様子は翌日の毎日新聞に紹介されました。

◆江川紹子さんと福島の浜通りへ

私は、4月16日、1970年代から原発反対運動を一緒にやっていた人々の要請もあり、福島に向かいました。その何日か前、京都の事務所で評論家の江川紹子さんの取材を受けました。「先生が人生をかけて警告していたのは、このことだっ

福島第1原発事故 放射能汚染

最悪に備え、先手打て

安斎育郎立命館大名誉教授

電力政策見直し 百年の計

毎日新聞（2011年3月24日）

たんですね！」と言われる江川さんに、「４月16日に福島に行く予定です」と伝えると、「私も連れてって！」ということでした。４月16日は私の71歳の誕生日です。取材攻勢の中でも、誕生日ぐらいは家族との時間をと考えて空けておいたのですが、結果的にはその日以外は融通がつかないことが分かりました。当日、上野駅で江川さんと落ち合って、常磐線でいわきに向かいました。

いわき市では元県議会議員の伊東達也さん宅で小休止、予定を確認して早川篤雄・宝鏡寺住職の運転する車で浜通りを北上しました。

放射線のレベルは、いわき市内では０・45マイクロシーベルト／時程度でしたが、いま私がこの原稿を書いている京都府宇治市の自宅の放射線レベルは「０・03～０・05マイクロシーベルト／時」ぐらいですし、原発事故前の福島の平均的な自然放射線レベルも「０・04マイクロシーベルト／時」ほどでしたから、

道には随所に亀裂があった

福島第一原発から７㎞地点で土を採取
（左奥に原発の送電塔。右は評論家の江川紹子さん）

いわき市の放射線のレベルはその10倍ぐらいになっていました。しかし、楢葉町⬇富岡町⬇大熊町⬇双葉町⬇浪江町と原発に近づくにつれて線量計の針はぐんぐん上がり、50〜80マイクロシーベルト／時にも達しました。わが家の1000〜2000倍です。

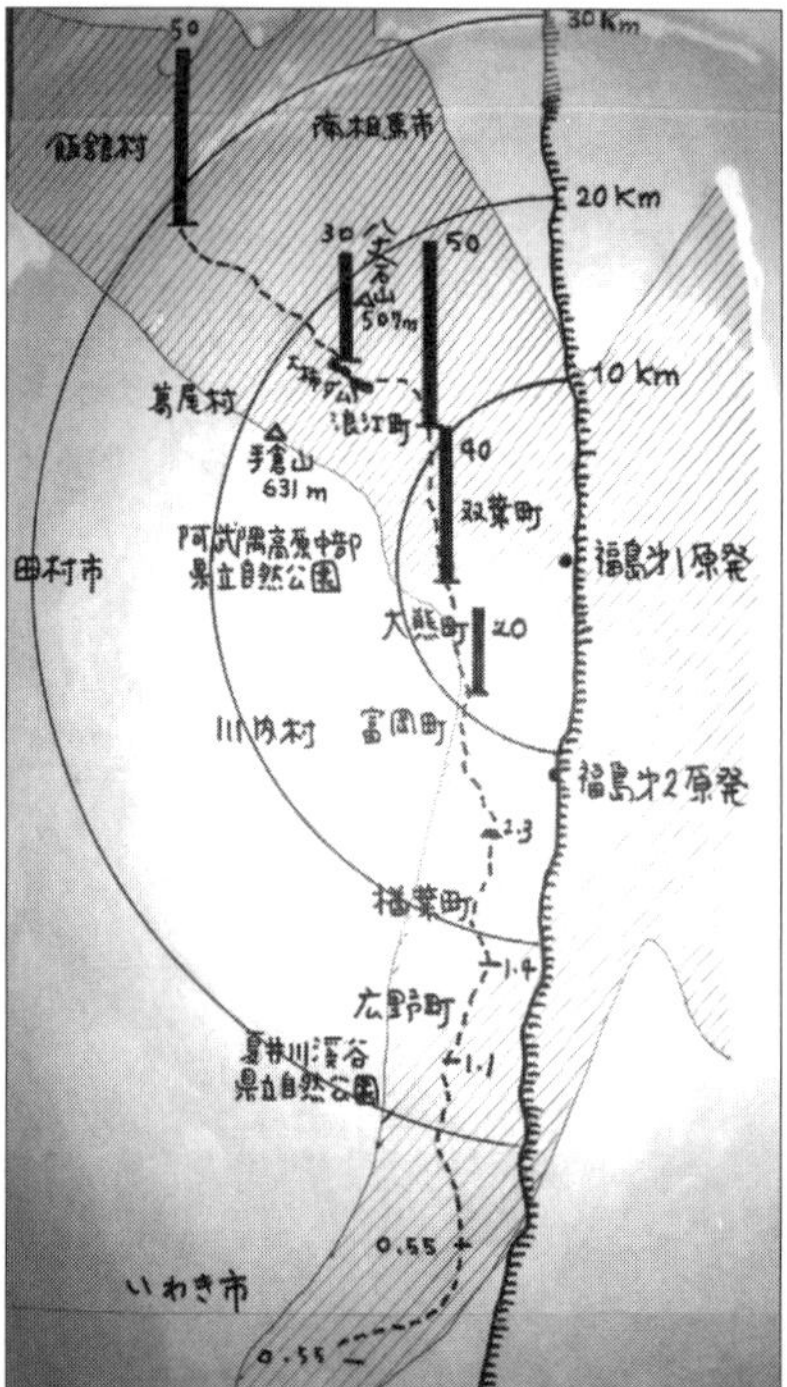

2011年4月16日の調査行程に沿った放射線レベル（当日整理資料）

私たちが辿った道筋には、黄色い菜の花が群生し、枝ぶりのよい桜が満開の時期を迎え、野生の辛夷《こぶし》の花が美しく咲いていました。本当に、金子みすゞさんの詩の一節にある「見えないものでもあるんだよ」というフレーズそのままに、地表を覆う「見えない何者か」が測定器の針を大きく振らせます。もしも放射性物質に赤い色が着いていたら、森も畑も野も道も、時おり出会う見捨てられたイヌも、何事もなかったように草を食むウシも、みんなみんな真っ赤に違いない―そう思いながら、「透明な恐怖」の中に沈む日本の故郷の原風景を進んで行きました。

常磐線はいわきから先は運休していましたが、浪江の駅前には、「安心して暮らせるやさしいまち」という白々しい広告塔が立ち、その横には、浪江出身の佐々木俊一が作曲した『高原の駅よさようなら』の歌碑が建っていました。「しばし別れの　夜汽車の窓よ　云わず語らずに　心とこころ……」──この曲は、1951年に作曲され、小畑実が歌って大ヒットしました。「しばし別れ」のはずだった原発事故の被災者は、2020年現在、なお5万人近くが故郷の町に帰れないでいます。

常磐線浪江駅前の広告塔と
その脇にある佐々木俊一の歌碑

◆福島市の保育園へのサポート

私は福島県保育連絡会の齋藤美智子さんの要請を受けて、2011年5月8日に福島県保育問題研究会主催の講演会に行きました。会場は300人余りの参加者で超満員、立ち見が出ました。福島市は原発から60キロぐらい離れていますが、それでも放射能は飛んできました。市民の心配は深刻で、小さい子どもをもつ若いお父さん、お母さんの姿がたくさん見られました。講演のテーマは「原発事故による放射能被害と子どもたちの生活─放射線被ばくをどうやって少なくするか？」で、以下のような内容でした。

放射能から乳幼児の健康をどう守るか？

安斎育郎（安斎科学・平和事務所　所長）

1　放射線は被曝しないにこしたことはない
（1）放射線被曝と人
①身体的影響（確定的影響・確率的影響）、②遺伝的影響、③心理的影響、④社会的影響
※確率的影響＝がん当たりくじ型影響→当選確率は？＝100ミリシーベルトでがんが0・5％増
（2）放射線を出すものを取り除く──これ基本
（3）放射線防護の原則
①外部被曝から防ぐには？──遮蔽、距離、時間
②内部被曝から防ぐには？──体の中に取り込まない（ヨウ素剤）、取り込んだら排出する（下剤）
（4）被曝はどうやって測るか？
①外部被曝（線量計率測定器〈サーベイメーター〉、積算線量計
②内部被曝（ホールボディモニター、バイオアッセイ〈おしっこ、うんち、つば、鼻腔スメ

アなど〉

2　外部被曝から身を守るには？

（1）放射線源を取り除く――放射能をばらまかない、庭の表層土を除去する、体や髪の汚染を防ぐ

（2）放射線を遮蔽する――線源と人間の間に遮蔽物を置く（金属板、土嚢）

（3）線源からの距離をかせぐ――なるべく汚染物から遠くへ

（4）放射線を浴びる時間を短くする――時間短縮は最後の手段

3　内部被曝から身を守るには？

（1）3つの汚染ルート（経口、経気、経皮）

（2）経口摂取を防ぐ（汚染食品や汚染水に注意する、食品を煮炊きする）

（3）経気道摂取を防ぐ（マスクの着用、汚染砂の舞い上がりを減らす）

（4）経皮吸収を防ぐ（皮膚を覆う、傷をつくらない）

（5）食品汚染の実態をこまめに公表し、規制を徹底し、調理による除染効果を含めて知らせること。

4　どれくらい被曝する？

（1）外部被曝：安斎先生が福島入りして、どれだけ浴びた？↓4月16日の現地調査：22マイクロシーベルト

（2）内部被曝：500ベクレル／キログラムで汚染したホウレンソウを200グラム食べたら被曝は？

↓0・001ミリシーベルト程度（天然放射性核種カリウム40による被曝＝0・2ミリシーベルト程度）

5　能書きも大事だが、何よりも実効的な対策を

（1）この間の政府の動きで感じたこと（同心円の避難指示、後手後手の事故対応、汚染放置の議論）

（2）えっ、〝100億円のSPEEDI（スピーディ）よりも、100円ショップのコンパスが使われた？〟

（3）起こってしまったことの解釈はひとまずおいて、被曝を減らす努力を実践しよう

（4）そして、「ガン検診・心のケアを含めた手厚い健康管理プログラム」の充実・実践を

【参考資料】安斎育郎著『家族で語る　食卓の放射能汚染』（同時代社、2011年4月改訂増補）

安斎育郎著『福島原発事故―どうする日本の原発政策』（かもがわ出版、2011年5月刊行）

講演の後には、若い夫婦が「このまま福島に住み続けて大丈夫でしょうか？」といった切羽詰まった質問をしにやってきました。私は、「県外などに避難する条件があればそれも一つの選択

肢だが、福島市の汚染の実態からしても、また、県外避難に伴う再就職や新たな居住地での人間関係づくり、子どもの教育環境の変化などを総合的に判断すれば、私なら福島市に残ります。その上で、精いっぱい被曝を減らす努力をするのが現実的だと思います」と答えました。

その日の午後、私は講演会の企画者である齋藤美智子さんが園長を務める福島市内の「さくら保育園」を訪れ、園庭の汚染実態を測定し、除染実験を試みました。

私にとって驚きだったのは、園庭の放射線レベルが地上50㎝で6マイクロシーベルト／時ほど

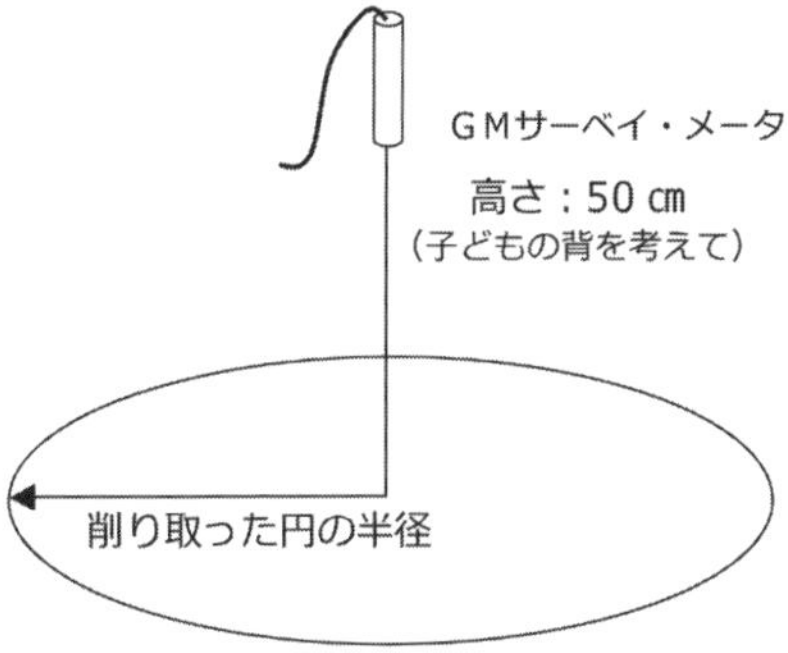

園庭の表層土３ｃｍを削り取る実験
（2011年5月8日）

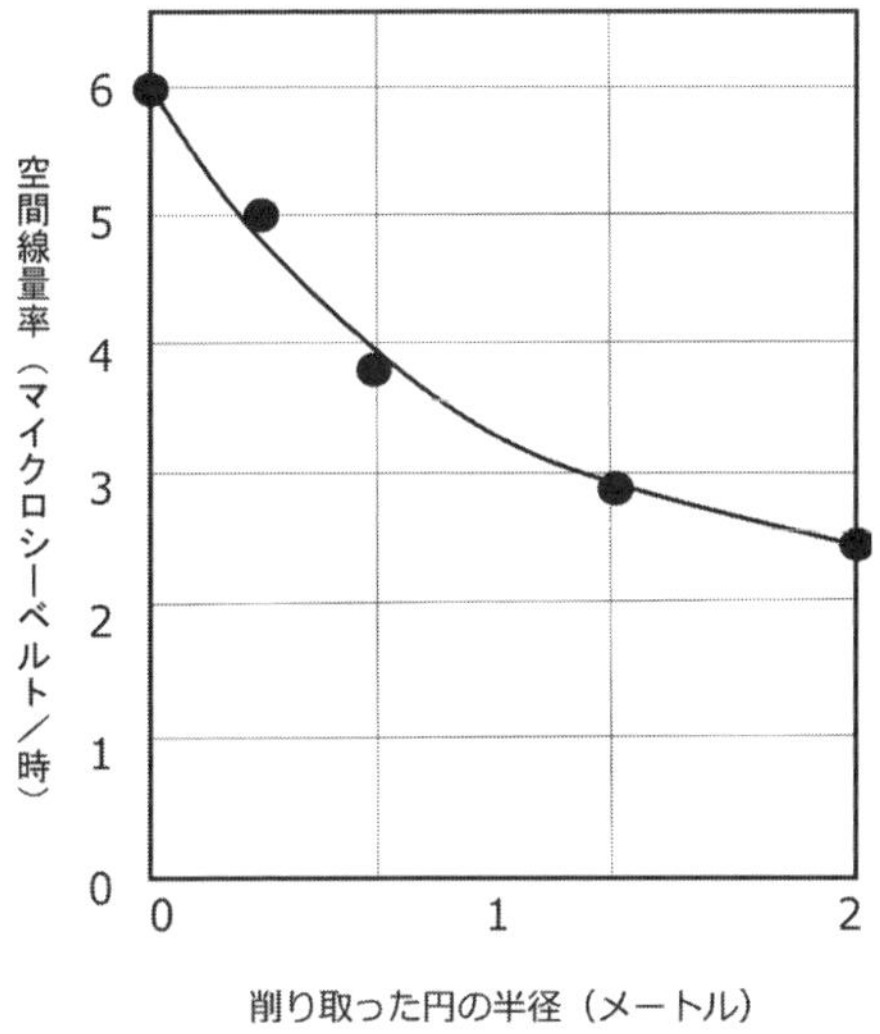

もあり、原発から遠く離れた福島市でも、事故前の100倍以上に跳ね上がっていたこと、そして、保育関係者も含めて被曝を減らす方法について知識を持ち合わせていないために対策の取りようがなく、結果として手をこまねいていたことでした。

さっそく持参したガイガー・ミュラー式サーベイメーターを園庭の50cmの高さに固定し、その下の表層土約3cmを削り取る実験を行ないました。削った土はとりあえず園庭の隅に掘った穴に埋めながら、削る範囲を半径1m、2m、3mと広げると、前ページのグラフのように放射線のレベルはどんどん下がりました。原発から飛んできた放射性物質は園庭の表面2〜3cmに降り積もっており、それを除去すれば放射線のレベルが顕著に下がることを保育者たちは学習し、感動しました。講演で解説した「外部被曝から身を守るには?」を実践的に確認できた喜びがあったようでした。私はさくら保育園に放射線測定器がないことを知り、持参したサーベイメーターを園にしばらく貸し出すことにし、園のアドバイザーになることを了承しました。

その後、さくら保育園はいち早く園庭の除染を行政に要請し、園児たちが園庭を使える条件の早期実現に努力

さくら保育園の園庭で表層土を削る実験
(2011年5月8日)

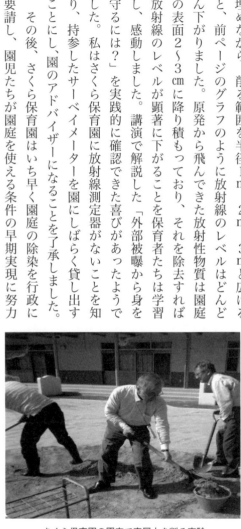

しました。園庭の放射線レベルは着実に下がり、今では心配のないレベルになっています（下のグラフ）。

◆復興計画の提言—被曝を減らす4つの方法

私は講演で、「放射能を消す薬は今もないし、原理的にこれから先も開発されることはない」ことを説明します。するとがっかり顔になる人が少なくありませんが、科学は時として非情で、「できないものはできない」というしかありません。

しかし、「被曝を減らす方法」ならあることを福島の保育講演会でも説明しました。4つあって、4つしかありません。これを実践すれば、被曝は確実に減ります。

放射線から身を守るための4つの方法は、次の通りです。

❶生活圏の放射性物質を取り除く（除染）
❷放射性物質と人体とのあいだに遮蔽物を置く（遮蔽）
❸放射性物質に近づかない＝汚染から遠ざかる（距離）

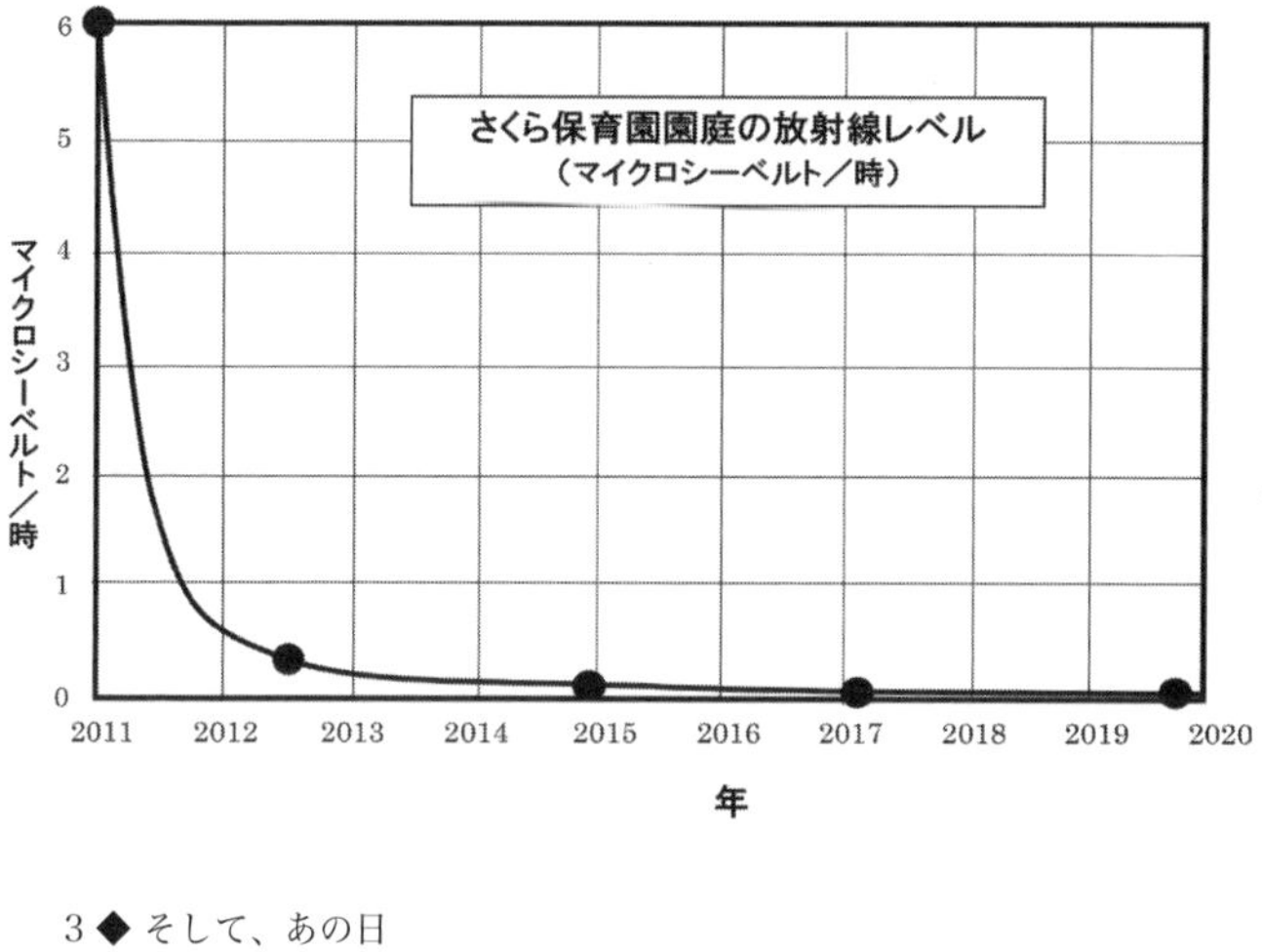

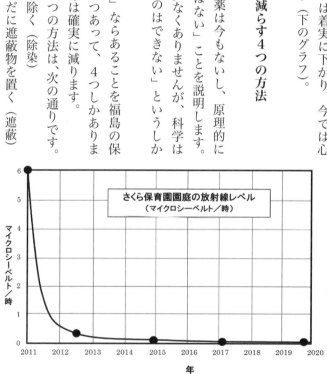

❹放射線レベルが高い場所にいる時間を短くする(時間)

以下、簡単に説明します。

❶除染

除染というのは放射線物質を取り除いてどこか遠くへ移すことで、「移染」とも言われます。放射線物質が消え失せるわけではなく、放射性物質から放出される放射線が自分まで届かないほど遠くへ移動させるということです。除染の効果は顕著で、なにしろ身の近くにあった放射性物質が取り除かれるわけですから、除染する条件がある場合には何を置いても除染することが大切です。

❷遮蔽

放射性物質を取り除けない場合には、放射性物質から出た放射線が体に届く前に遮蔽物によって食い止めてしまうことです。これも大変有効な方法です。さくら保育園でも、園庭の周りを2リットルの水入りのペットボトル何千本かで取り囲み、外からくる放射線を遮蔽しました。

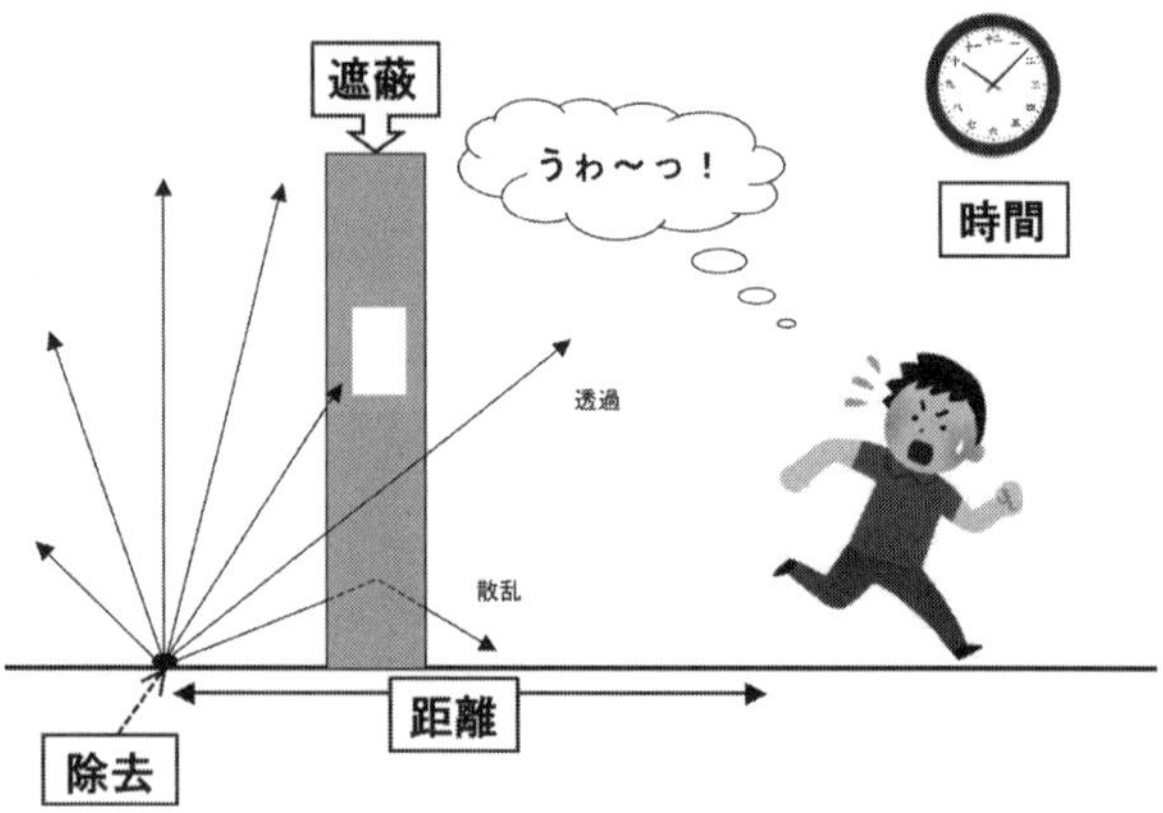

70回の福島調査でよく体験したことですが、調べにいった家の周囲には結構たくさんの瓦やレンガや石があるのです。それをホットスポット（放射能のたまり場）に置けば被曝は効果的に減らせます。ちょっとしたことですが、知ってると知らないとでは大違いです。

❸距離

放射線はその名の通り「放射状に広がる」ので、放射性物資の近くでは「濃密に」被曝しますが、遠くに行けば行くほど「まばらに」なり、被曝線量は少なくなります。光源から遠ざかると暗くなるのと同じことです。

だから、放射能汚染があるところには近づかないことが大切ですが、そのためには「どこに放射能汚染があるか」を知らなければなりません。私が主宰する「福島プロジェクト」は、そのお手伝いをします。（➡〒603-8577　京都市北区等持院北町56―1　立命館大学国際平和ミュージアム内　安斎科学・平和事務所「福島プロジェクト」宛）

ペットボトル作戦による放射線の遮蔽

❹時間

被曝する時間が長ければ被曝が多くなり、短ければ短いほど被曝は少なくて済みます。だから、放射線の高い場所には長居しないことが大切です。そのためには、家の中や家の周囲で、あるいは住んでいる地域のどこが放射線のレベルが高いかを知らなければなりません。もしもそれが分からないで不安だという場合には、私たち「福島プロジェクト」に連絡してください。

こんなことも調査の過程で経験しました。ある家で2階の部屋に二段ベッドを置いてお子さんを寝かせていましたが、私たちは寝床を一階に移すように勧告しました。2階の（とくに二段ベッドの上の段は）汚染した屋根に近く、被曝が1階に比べて1時間当たり0・1マイクロシーベルトほど高かったのです。1日8時間寝るとして、2階で寝ると1階で寝るよりも365日では約300マイクロシーベルト（0・3ミリシーベルト）余計に浴びることになります。だから、「調べる」ということがとても大事です。

4　2012年―放射能汚染をどうみるか

◆NHKあさイチ、クローズアップ現代

福島原発事故がらみで講演に行くと、日本中どこに行っても、若いお母さんたちだけでなく、みんな放射線被曝の影響についての関心が非常に高いことを思い知らされます。それは当然と言えば当然なのですが、しかし、福島原発事故がわれわれに突き付けている問題の本質は、「どうして放射線の不安に苛まれるような生活を余儀なくされる事態がもたらされたのか」「そうした事態を根本的に防ぐためにはどうすればいいのか」ということであって、1億国民が低レベル放射線の影響に関する先端的知識のエキスパートになることではないでしょう。主権者として、ど

ういう国づくりをするのかを考え、主体的に行動することこそが、いま求められています。

放射線防護学の専門家からみれば、「余計な放射線は浴びないに越したことはない」ということが原則であり、私自身の対社会的な発言も、「被災地の人々に心寄り添いながら、被曝をできるだけ減らし、リスクを最小化するためにはどうすればいいか」ということに外なりません。

私は、複数の原子炉が同時進行的に深刻な事態に陥って、大量の放射能放出を招いた今回の事態が「人類史的な危機」であるという認識をもち、原発は計画的に廃絶すべきだと確信しています。だからこそ、このような危険なエネルギー政策に身を委ねてきた日本社会のあり方を批判しているのですが、一方私は、「放射線は怖い」と声高に叫んで被災地の人々を怖がらせるだけ怖がらせておいて、後は「知らぬ顔の半兵衛」を決め込むような無責任な放射線防護学者ではありたくないと思っています。

だから、「放射線は浴びないに越したことはない」という認識を基礎としつつも、「放射能汚染は1ベクレルでも嫌だ」という主張に固執して、結果的に失意のどん底で懸命に生を紡ぎ出そうとしている被災地の生産者をさらに苦境に立たせるようなことは決してすまいと思っています。

私たちは、否応なく、日常の食生活を通じてカリウム40のような自然界の放射性物質を1日50ベクレル位ずつ摂取しており、私たちの体内にはこの瞬間にも、3000〜4000ベクレルのカリウム40が存在しています。それによる1年あたりの放射線被曝は0・18ミリシーベルト程に達します。飛行機に乗れば宇宙線を浴びるし、関西に住めば地殻に含まれる自然放射性物質の地域差のため関東よりも余計に被曝するし、毎日使う食材の種類や食べる量によって受ける内部被曝も変動しています。

そうした客観的な事実認識に立てば、生活上気にかけていない自然放射線の変動幅にスッポリと埋もれてしまう程度の汚染をも拒否し、福島の生産者を余計に苦しめるようなことはしたくないので、放射能の程度を確かめた上で福島産の米の普及にも取り組み、「産地で恐れず、実態で恐れて欲しいこと」、「事態を侮らず、過度に恐れず、理性的に向き合うこと」を訴えてきた次第です。

事故後、NHKテレビの「あさイチ」に何度も駆り出されましたが、その延長線上で「クローズアップ現代」からもお呼びがかかりました。当時は国谷裕子《くにやひろこ》さんがキャスターを務め、人気がありました。

2012年4月10日（火）放送のNHKクローズアップ現代『広がる放射能〝独自基準〟〜食の安心は得られるか』に出演したときのことです。4月に一般食品に含まれる放射性セシウムの基準値が、それまでの「500ベクレル／kgから100ベクレル／kgに改訂」されたことを受けて制作された番組でしたが、視聴率も9・6％（株式会社ビデオリサーチ世帯視聴率〈関東地方〉と高い値を示しました。

番組の中で私は食材中に含まれる天然の放射性物質のことなどにも触れながら、「事態を侮らず、過度に恐れず、理性的に向き合う」という姿勢で話したつもりでしたが、「食品の放射能汚染は〝ゼロ〟であるべきだ」と考える人々には、「何が何でも汚染ゼロでなければダメ」とは言わない私に苛立ちや戸惑いを感じたかもしれません。

私は、❶「余計な被曝はしないに越したことはない」と考えていますが、一方では、❷「自然放射線被曝の時間的・地域的変動の範囲内に収まる程度の汚染実態であれば過度に心配する必要はない」とも考えています。もちろん、汚染を放置するのではなく、それを減らす実行可能な対策をとることを前提としています。私は、❶と❷の間で、被災生産者の懸命の努力に応える道を探ることが大切だと考えています。

例えば、食品中には天然の放射性物質カリウム40（半減期12億5千万年）が数十～数百ベクレル／kg含まれており、そうした食材の摂取を通じて誰でも年間180マイクロシーベルトほどの内部被曝を受けていますし、食品中の他の自然放射性物質による内部被曝も約800マイクロシーベルト／年あります。その他、大気中に漂っている天然の放射性ラドン・ガスの吸入によっても、約650マイクロシーベルト／年の内部被曝を受けています。内部被曝の合計は、平均して1620マイクロシーベルト／年ほどと評価されています。

外部被曝の点では、例えば山梨県北杜市に住んでいた友人に線量計をつけて測ったところ「約1マイクロシーベルト／日」と実測されましたが、京都で生活している私の被曝は「約2マイクロシーベルト／日」です。どこに住むかによって年間被曝線量は2倍近い違いがあります。平均的には日本人の外部被曝は550マイクロシーベルト／年ほどと推定されていますが、この中には、建物の壁などに含まれる天然の放射性物質からのガンマ線被曝は含まれていませんので、実際には住居環境によっても被曝線量が異なるでしょう。内部被曝、外部被曝を合わせて、日本人の自然放射線による平均的な被曝は1620＋550＝2170マイクロシーベルト／年（約2・2ミリシーベルト／年）です。

〈参考文献〉下道国・真田哲也・藤高和信・湊進「日本の自然放射線による線量」『Isotope News』No.706, 23-32ページ（2013年）

このように、日本のどこに住むかによって、また、どのような食材を使っているかによって、自然放射線による外部・内部被曝は数百マイクロシーベルト／年の違いが生じます。したがって、自然放射線被曝の変動範囲内に収まる程度の被曝も忌避して、「何が何でも被曝ゼロ」を求め、結果として被災生産者の努力に向き合わないような購買行動は、（最終的には消費者の自由であるとはいえ）、私は決してとりません。そんな私の姿勢は「何が何でも汚染ゼロ志向」とは異なるので、先のNHK番組視聴者にも、大げさに言えば、「この人は消費者の味方か、政府・財界の味方か？」という疑念を生じさせたのかもしれません。

◆御用学者呼ばわり

番組放送後、ある認定団体によってネット上に「安斎育郎先生が御用学者と認定されました」

という情報が流れたようです。わざわざ知らせてくれる人もいました。今でも「安斎育郎」と入力して検索すると、比較的上位に「安斎育郎先生が御用学者と認定されました」というタイトルで関連情報がまとめられています。私の素性を知らない人から見れば、「安斎さんは政府の原発政策に与する御用の筋の学者なのだ」と思っても不思議はないでしょう。

実際はどうなのでしょうか?

ドイツ文学翻訳家の池田香代子さんは次のように書いています。

「安斎育郎さん御用学者認定。この認定者の自責点は決定的で、過去の認定基準の信頼度にも波及し、『御用学者』とは何かも分かってない、分かろうとしない方(々)の企画だと暴露してしまいました。当初は首肯する事もあり重宝したけどもうお終い」「このプロジェクトが満天下に墓穴を掘ったという事です」。

つまり、安斎育郎を御用学者と判定した評者にレッドカードを突きつけています。私自身はこのような情報にほとんど関心がないので放置しましたが、少なからぬ人々が私のこれまでの活動を踏まえて「御用学者」という判定に異を唱えています。

人は判断の対象に貼られているレッテル(ラベル)を参考にして多様な命題の真偽の判定をしていますから、信頼の置けるラベルならばとても役立ちます。しかし、不得意分野や初体験分野については、検察したネット上の情報が信頼できるものかどうか、自分では判断できません。なにしろ「不得意分野」あるいは「初体験分野」ですから。こんな場合には、「安斎さん=御用学者」

と評価した「判定者」がどのような事実に基づいて、どのような基準でそう判断したのかを調べなければなりませんが、普通はそんな面倒なことはしないでしょう。

だから、情報提供者と情報利用者双方には心しなければならないことがあると思います。

情報提供者は、提供する情報の根拠と判断の基準を明示するよう心がけることです。

情報利用者は、できるだけ、その情報がどのような根拠と判断基準に基づいて発信されたのかをフォローすることですが、それが可能でない場合には、他の情報発信者や情報利用者の判断と突き合せることです。根拠が定かでない特定の情報にのめり込んで独善的な視野狭窄に陥らないために、チェック機能を確保することが大事でしょう。

ちょっと古いですが、ドイツの社会学者マックス・ウエーバー（マキシミリアン・ヴェーバー）流に言えば、私たちが人生で出会う命題（＝人の判断を文章や記号や数式で表したもの）には2種類あります。

一つは「3＋5＝8」といった「客観的命題」（科学的命題）で、誰が考えても真偽の判断は変わりません。「御用学者」が判定しようが、「反原発学者」が判定しようが、3＋5は8であってそれ以外ではありません。だから、この種の問題について例えば私が「御用学者」と言われる人と類似の、あるいは同じ説明をしたからと言って、それだけで「御用学者」呼ばわりされるいわれはありません。

もう一つは「原発事故が東北地方だからまだ良かった」といった「主観的命題」（価値的命題）で、

それを正しい判断と考えるか、正しくない判断と考えるかは人それぞれの価値判断に依存します。

おそらく「御用学者」と言われる人びとは、自分の価値判断を国家の価値判断に従属させ、客観的命題についての判断さえも国家の価値判断に従属させる（事実を隠したり、ウソをついたり、意図的に過小評価や過大評価を行なう）ような学者のことなのでしょう。加藤周一さんは、全部ホントのことを言って、全体として錯誤に導く方法があると言いました。「言ったこと」は全部正しいが、本質的に重要な事実をいっさい「言わなかった」とか、国家の政策にとって都合のいい事実は触れたが、都合の悪い事実は無視したりする方法です。さすがに「客観的命題」についてはウソをついてもばれ易いので、普通は、都合のいいことは殊更に強調し、都合の悪いことは軽視する、あるいは、言及しないといった方法がとられがちです。

しかし、専門家でない人びとにとっては、その人が発信していることが適切なのか誇張なのか、不当に過小評価しているのかの判断そのものがつかないでしょう。結局、先に述べたように、他の情報発信者や情報利用者の判断と突き合せながら、その情報発信者がこれまでどのような価値主体の側（ごく単純化して言えば、「国家・産業界の側」か「市民の側」か）に与して発言してきたのかを知り、自分の判断を預ける（＝準拠する）に相応しいかどうかをよく考えることが大切でしょう。

ちなみに、福島の小児甲状腺がんについては、「スクリーニング効果」（無自覚のがんを前倒しで見つける効果）や「過剰診断」（放置しても死亡原因にならないがんをがんと診断する効果）などで片づけることなく、専門家が予断や圧力を排し、「隠すな、ウソつくな、過小・過大評価するな」の原則を踏まえて公正な議論を進め、適正な医療措置を講じることが何よりも大切だと思います。原因となったヨウ素131は半減期が8日と短いため甲状腺の被曝は事故後2〜3カ月で終わっており、いま福島に居住しても追加の甲状腺被曝を受ける危険がある訳ではありませんが、子どもたちに対する無償検診の保障を含めて生涯を通じてのリスクの極小化に努めることが求められると思います。

いま、「あの人は福島の人」とか、「あの人は福島から逃げた人」とか、「あの家は補償金をもらった家」とか、ある種のレッテル貼りが被災者相互や被災地とその他の地域の人々との相互理解と共同の妨げになっているように感じます。父親が仕事の関係で福島に残り、母子が東京に移住して離れ離れになった家庭が3年後に帰還しようとしたら、ご近所から「あんたら逃げたんよね」と言われて悔しい思いをした話などを聞くにつけ、ともに被災者であるのに「逃げたか、逃げなかったか」で対立感情を抱えているようでは、福島原発事故という未曾有の人類史的事故の教訓の上に、被災者が「こころ一つに」国家や産業界に責任ある対応を求め、この国の安定・安心なエネルギー政策への転換を求めるようなことは到底おぼつかないように思えてなりません。「原発避難者というだけでいじめられ、避難者だと公にできない」(東京都千代田区)、「バカにされ、嘲笑され、恐喝された」(神奈川県横浜)、「被災者の子は公園で遊ぶな」(山梨県甲府)、「持ち寄り食事会をやるが、東北の食材の料理はもってくるな」(京都府京都)など、全国で起きているたくさんの事例が、ある意味で危機に対処する国民の「民度」の実態を表しているように感じます。

原発推進者たちには、国民があれこれのレッテル貼りによって内部的に対立して結束できない状況は好都合に違いないでしょうが、私は、今こそ声を一つに被災者支援政策やエネルギー政策の転換を求めるべき時だと確信しています。ましてや、福島の食の安全性に対する態度や帰還の意志の有無などを「踏絵」として被災者に不当な偏見や差別の眼を向けたり、発言のごく一部を切り取って科学者に「御用学者」のレッテルを貼ったりしている場合ではないと思いますが、どうでしょうか？

先に紹介した「クローズアップ現代」で、ある東北地方の生産者の事例が取り上げられました。当該生産者が産品のハンバーグに「放射性セシウムが1キログラムあたり6ベクレル含まれている」旨を表示して販売したところ、少なからぬ消費者は「0ベクレルではない」と感じ取ったらしく、売れなかったというのです。政府の基準（1キログラムあたり100ベクレル）の約20分の1のレベルであり、例えば、1キログラムあたり80ベクレルの食品を「規制値以下だから」ということで何も表示せずに出荷するような姿勢と比べれば、むしろ非常に良心的なのですが、情報の受け手の側に数値の意味を正確に把握し、普段受けている他のリスクに比べてどの程度のリスクなのかを判断できるだけの放射能リテラシーが定着していなかったがために、生産者の生真面目さがかえって仇となりました。

一方、このハンバーグには、天然の放射性カリウム40が1キログラムあたり70〜80ベクレル程度含まれていることは疑いようもなく、仮にこのハンバーグを丸々1個（300グラム）食べたとした時の内部被曝線量は「0・00003ミリシーベルト」程度でしょう。

　先に説明した通り、私たちが日常食を通じて食べているカリウム40による年間の内部被曝線量はおよそ0・18ミリシーベルト程度ですから、放射線の影響を苦にするようなレベルからは程遠いレベルです。「放射能ゼロをめざして」といった表示で「安全・安心」を演出している業者もあるということですが、米・肉・魚・

1キログラムあたりの天然放射性カリウム40濃度

タマゴ	36	トマト	69	食パン	29
さんま	42	しいたけ	51	黒砂糖	330
豚肉	93	素干し昆布	1560	グラニュー糖	0.6
牛肉	84	刻み昆布	2130	赤ワイン	30
鶏肉	36	みかん	42	白ワイン	23
大豆	570	ぶどう	39	清酒	1.2
枝豆	207	りんご	33	焼酎・ウイスキー	0
ほうれんそう	222	中華麺	99	カレー粉	510
じゃがいも	135	そば	48	食塩	39
にんじん	120	玄米	75	薄口しょうゆ	99
大根	72	精白米	33	濃口しょうゆ	120

※注：カリウム40＝カリウムは、私たちの体に必須の物質で、血圧の調整や酵素の活性化に大切な役割を果たし、腸の収縮も含めて筋肉の働きを良くし、腎臓からの老廃物の排泄を促して「むくみ」を改善したりするのに役立っています。私たちは、毎日、必要なカリウムを食事を通じて補っています。自然界のカリウム原子の8500個に1個は「カリウム40」と呼ばれる半減期12億5000万年の放射性原子で、私たちの体には成人の女性で3000ベクレル、男性で4000ベクレルぐらいのカリウム40が含まれています。これによって、年間約0.2ミリシーベルトぐらいの内部被曝を受けています。食材からカリウム40だけを除去する方法はありません。

野菜どれ一つとっても1キログラムあたり 数十から数百ベクレルのカリウム40が入っており、乾燥したヒジキやワカメなら1キログラムあたり1000 ベクレルを超えるので、土台「放射能ゼロ」の生活はあり得ません。

その一方で、「だからこそ、なるだけ余分の人工的な放射能は摂取したくない」という気持ちも十分理解した上での話ですが、日頃の自然放射能の体内摂取の変動幅にスッポリと隠れてしまうようなレベルの放射性セシウム濃度の食品を、「被災地産だから」とか、「放射能がゼロでないから」という理由で忌避するのは、「がんばろう福島！」という「絆の精神」とは違うように思われるのですが、どうでしょう？

蛇足になりますが、もちろん私は「それでも被災地産の食品は食べない」という消費行動をとる自由を認めますし、私が「過度に恐れず、事態を侮らず、理性的に怖がる」などと話すことは「原発事故の深刻さを隠蔽する役割を果たすものだ」と断じて、安斎育郎を「御用学者」に分類する自由も認めます。ほとんど半世紀、国策としての原発政策を批判する自由さえ十分に認められなかったことが、この事態を招く根本的な原因の一つに相違ないと痛感しているからです。

◆陰膳調査

多くの人々にとって、毎日食べる食事の放射能汚染の問題は非常に関心の高い問題でした。私が出演したＮＨＫの「あさイチ」も、このテーマを何度も取り上げ、私の著書『家族で語る食卓の放射能汚染』（同時代社、２０１１年）も参考資料として利用されました。

一番安心できるのは、毎日食べている食事にどれだけの放射能が含まれているかを実測してみることですが、「コープふくしま」はまさに「陰膳調査」としてそのような測定をずっと続けています。

※注：コープふくしまと福島県南生協は２０１９年3月にみやぎ生協と組織的に合同し、「みやぎ生協」が存続生協となりましたが、「コープ福島」という名称も引き続き使われることになっているので、ここでは「コープふくしま」に統一します。

陰膳調査では、毎食家族人数より1人分余計に食事を作り、それを2日分（6食＋おやつや飲料など含め）保存して検査センターに送ると、日本生活協同組合連合会の商品検査センターでミキサーで均一に混ぜられ、その内の1キログラムが放射能検査試料として分析されます。1検体あたり測定時間は約5万秒（約14時間）で、検出限界は1ベクレル／kgという高感度の測定法です。１００家庭に協力を求め、1ベクレル／kgをこえる汚染が何家庭で見つかるかを毎年測定してきました。食品の放射能汚染についての国の基準は１００ベクレル／kgですから、コープふくしまの汚染判定基準である「1ベクレル／kg」という基準は、非常に厳しい基準です。

分析結果によると、１００家庭中、「1ベクレル／kg」をこえた家庭は、２０１１年度が10件、２０１２年度が2件、２０１３年度が2件、２０１４年以降は0件でした。

参考までに付け加えると、提出された食事には例外なく天然の放射性物質カリウム40が含まれており、その放射能濃度は「10〜60ベクレル／kg」でした。調査に協力した全ての家庭が福島県産の食材（水道水含）も使用していましたが、食料品店で購入した食材や自家栽培の食材などさまざまな食材が利用されていました。

こうしてみると、通常の食事をしている限り、「食卓の放射能汚染」は気にかけなくて大丈夫であることが分かりますが、ひきつづき注意が必要なのは、汚染した山で採れた山菜や水が淀む沼地で採れた魚、そして、山を生活の場としているイノシシの肉などで、いずれも食べる前に放射能検査をすることが望まれます。

5 「福島プロジェクト・チーム」の立ち上げと活動

２０１３年、私は、同じような志で福島の人びとをサポートしている科学者・技術者グループのうわさを聞きつけ、一緒に活動し始めました。名づけて「福島プロジェクト・チーム」。定年を過ぎた大学教授や現役のエンジニア、元高校の先生などで構成され、真夏の酷暑と真冬の極寒は避けて、原則として年10回の割合で福島通いをつづけています。新型コロナウイルス感染症の流行で２０２０年4月〜10月の期間は訪問できませんでしたが、２０１３年5月の結成以来調査は73回を数えました。完全ボランティアで進めている福島原発事故被災者支援プロジェクトで、調査・相談・学習活動に取り組んでいます。

被災地の保育園・小学校や公共施設、住宅地、要請のある個人宅などを訪問して放射線環境を調査し、どうすればより被曝を減らして、リスクを最小化できるかについて実践可能な具体的方法を提言し、実行します。被災者の立場で考え、被災者とともに悩みながら、.状況の改善をめざしています。

「福島プロジェクト」は、「放射線は被曝しないに越したことはない」という立場を基本に、すでに紹介した「被曝を減らす4つの方法（除染・遮蔽・距離確保・被曝時間短縮）」を訪れた現場の状況に即して実践的に応用し、被災者の被曝をできるだけ少なくすることを目指します。

低レベル放射線の影響については、科学者の間にもいろいろな主張があります。「少しでも浴びるとがんによる死亡のリスクが高まる」という主張から、「少し浴びた方が体にいい」という「放射線ホルミシス」という主張まで、さまざまです。また、年間の被曝限度についても1ミリシーベルトとか5ミリシーベルトとか20ミリシーベルトとかいろいろな主張がありますし、後述する『美味しんぼ』で有名になった「鼻血は原発事故のせいか？」という問題でも議論百出でした。

南相馬市の個人宅を調査する（2015年3月18日）

「福島プロジェクト」はそのような論争には深入りしません。

火事を目の前にして「消火に必要な水量は何リットルか？」とか、「バケツで水をかけるのがいいか、霧状に噴霧するのがいいか？」とか、「原因は寝タバコか漏電かローソクの火か」とかいった論議に深入りして消火活動を手控えるのではなく、火事場の状況に応じて実行可能な消火活動を遅滞なく進めることが大切だと考えています。放射線の影響についての論争に関しては、それぞれの問題についての専門家が、いかなる科学外的な圧力や介入をも排し、根拠のない予断や思い込みに陥ることなく、フェアな論議を深めることが何よりも大切だと考えています。

当面、私たちは、被災地の放射線環境を科学的に見立て、「事態を侮らず、過度に恐れず、理性的に向き合う」よう心がけながら、放射線被曝をできるだけ少なくするために「実行可能な方法」を旺盛に試みたいと思います。放射線環境の見立てに当たっては、できるだけ被災者とともに現場に身を置き、被災者が不安に思っていることによく耳を傾け、情報や気持ちを共有しながら納得のいく対応策を模索し

相馬市大野台仮設住宅での相談会（2016 年 12 月 8 日）

ていきたいと願っています。

「福島プロジェクト」は、調査活動だけでなく、学習活動や相談活動にも取り組んでいますが、依頼者には一切の費用負担を求めず、必要経費は参加メンバーの自己負担や寄付金で賄っています。

メンバーは多彩です。

東邦大学名誉教授の桂川秀嗣さんは、事故直後、NHKの阿武隈川汚染調査で半年にわたって福島に滞在して番組作りに貢献し、その後もNHKとの協力のチャンネルを保ちつつ「福島プロジェクト」調査に皆勤、自らの被曝線量を四六時中測定し、調査チームの被曝管理上の重要なデータを提供しています。

エンジニアのYさんは、線量測定や放射能分析の機器開発・改良のエキスパートで、歩き回ったエリアの放射線レベルが地図上に直ちに表示される「ホットスポット・ファインダー」を提供し、調査地の放射線調査に欠かせない役割を果たしてきました。

フリー・エンジニアのHさんは、車での安全・迅速な移動を引き受け、調査地では自ら「歩く線量計」となって環境放射線を正確に見立てる上で不可欠の役割を果たしています。

ご親族に複数の要介護者を抱えながらも条件を見つけて調査に参加し、誠実に役割を果たしてくれるKさん、助っ人要員として必要な時に緊急出動してくれるHさんやKさん、事務局業務を確実にこなしてくれる安斎科学・平和事務所元秘書の島野由利子さんや現秘書の片山一美さん。

そして、地元福島から参加して「体育会系の仕事」を率先してこなしてくれていた福島学院大学教授の佐藤理さんは志半ばで病に倒れ、故人となってしまいました。

2015年4月に放映されたNHKのETV特集『終わりなき戦い～ある福島支援プロジェクトの記録～』は福島プロジェクトの活動を長期にわたって取材して作られた番組でしたが、番組内でプロジェクト・メンバーの平均年齢を「66・6歳」と紹介しましたので、今は70歳をこえています。

「福島プロジェクト・チーム」はこれまで、伊達市・福島市・二本松市・須賀川市・本宮市・郡山市・いわき市・南相馬市・相馬市・広野町・富岡町・楢葉町・大熊町・双葉町・川俣町・浪江町・飯舘村などを訪れ、たくさんの保育園・小学校・公共施設・個人住宅の放射線環境を調査し、仮設住宅の集会所や個人宅で学習・相談会を開きました。

私個人は、原発の計画的廃絶を求める立場ですが、「福島プロジェクト」は調査依頼者に原発政策に関する特定の立場を求めるようなことは一切しません。

すべての調査を紹介することは到底できませんが、以下に各年度ごとの特徴のある活動を紹介

南相馬仮設住宅での学習会

します。

❶2013年

◆平和ツアー・イン・福島

私が名誉館長を務める立命館大学国際平和ミュージアムを拠点に活動する「平和友の会」は、毎年のように「安斎育郎先生と行く平和ツアー」を企画してきましたが、2013年3月24日〜26日のツアーは、原発事故の被災地・福島への旅でした。これは「福島プロジェクト」発足直前のツアー企画でした。

内容は、❶早川篤雄さん（楢葉町・宝鏡寺住職）、伊東達也さん（元福島県議）のガイドで原発被災地フィールドワーク、❷宝鏡寺で早川住職の講演、❸早川さん・伊東さんを囲む懇談会、❹安斎ミニ講演「福島原発立地の過去、現在〜わが国の未来」、❺福島市松川町の飯舘村松川仮設住宅訪問および避難者との交流、❻あぶくま茶屋で手作り弁当昼食、避難者の女性たちが運営する食品加工所「かーちゃんの力」プロジェクト・メンバーとの交流、❼県議会議員の佐藤八郎さんのガイドで飯舘村フィールドワーク、❽猪苗代湖で白鳥観察、❾高村智恵子記念館見学、❿二本松南小学校（安斎の母校）で校長先生、教頭先生らの報告と質疑、となかなか濃密な3日間のツアーです。

早川さん、伊東さんからは、40年間福島の地で原発問題に取り組んできたご両人ならではの経験が話され、参加者からも次々と質問が出されました。

早川さんは1972年2月11日に「公害から楢葉町を守る町民の会」結成以来、リーダーを務めてきました。田1町4反、畑3反を耕し、炭焼きや養蜂にも取り組んで90%自給自足の生活を続けてきました。また、障碍者支援のため楢葉町内に4つの施設を立ち上げ、その運営にも関わってきました。痩躯の闘士で、私・安斎とは1973年以来の同志です。早川さんは、「原発事故の被害は広がり続け、いつまで続くか誰も予測できない不安がある」とし、「仮に事故が終息しても、それは地域にとって終わりを意味しない」原発問題の深刻さを訴えています。そして、原発の後始末（廃炉、メルトダウン処理、最終処分場など）が何年先になるかわからない現状では、「原発立地四町（大熊、双葉、楢葉、富岡）の復興はあり得ない」と考えています。また、除染廃棄物を30年後には他県に移設するという政府の「中間処分場計画」も「ふざけた話だ」として一蹴し、最終的には原発の墓場にならざるを得ない地域に、住

伊東達也さん（左）と早川篤雄・宝鏡寺住職

民が元通りの暮らしを取り戻せるとは考えられないと実態調査などを示して、「立地四町とその　隣接地は一旦消滅した」という深刻な問題意識を提起されました。

伊東さんは市会議員、県会議員を務め、現在は「原発問題住民運動全国連絡センター」筆頭代表委員です。東日本大震災は、東電の原発が炉心溶融という苛酷な事故を起こして、大量の放射性物質を放出した結果、福島に極めて深刻な被害をもたらし、政府の避難指示で12市町村10万人以上がふるさとから逃げなければならなくなっただけでなく、避難指示区域以外で居住地を離れた人は20万人に上るとさえ言われていることを紹介しました。放射能汚染は農林水産業から商業、観光業、工業、医療福祉、教育などあらゆる分野に被害をもたらし、大量の失業者を生み出し、県内の経済活動が停滞して人口流出が進むなど、まさに「縮む福島県」になったことを指摘しました。そして、福島県民の気持ちは「謝れ、償え、なくせ原発」に尽きるにもかかわらず、国も経産省も東電も「原発推進政策が誤りだった」とは言っていないことを批判、「だからこそ私たちは『原発をなくす』という国民の合意を1日も早

福島県双葉郡楢葉町の宝鏡寺での早川篤雄住職の講演（2013年3月25日）

く作り上げるために全力を尽くすことが重要である」と指摘しました。

◆「福島プロジェクト」の立ち上げ

安斎科学・平和事務所は、2011年4月以来、福島市の「さくら保育園」の被曝極小化への協力・相談業務や、園児など100人あまりの被曝線量の測定などに取り組むとともに、福島県下の各種団体・個人に対する相談業務や学習・講演活動などへの協力に努めてきました。

2013年5月には、40年来の畏友である桂川秀嗣さんおよび桂川さんと共同しているYさん、Hさんとともに福島市の「さくら保育園」と「さくらみなみ保育園」を訪れ、「線量率分布調査」と「放射線安全に関する質疑応答」を行ないました。これは、「福島プロジェクト・チーム」として共同で取り組んでいく契機となった初仕事です。

「かーちゃんの力」プロジェクトとの交流

保育園周辺の放射線環境を調べて保育園側に報告するとともに、保育関係者が抱えている不安や疑問について質疑応答を行ないました。「福島プロジェクト」の姿勢を理解して頂くためにも、いくつかの質疑の内容を紹介しましょう。

保育園関係者との質疑応答（2013年5月23日）

●質問1

園庭は0・1—0・2マイクロシーベルト／時間で、午前・午後1時間ずつ外活動をしている。地域除染がされていないので、園の畑、田んぼで0・5—0・7マイクロシーベルト／時、今まで遊んでいた野や神社も0・8—1・0マイクロシーベルト／時程度の線量率があるが、田畑は今年は大人の手で栽培を始めた。収穫物は放射能濃度が低ければ食べる予定だ。こうした活動を続けたいが、積算線量計は1カ月間測り続けたが、毎日0・001マイクロシーベルトずつ増えている状況だ。問題はないか？

★答え

このような活動を続けることに特に問題はないが、結局通算してどれだけ被曝するかが問題なので、「さくら保育園」で私たちが実施している「クイクセル・バッジ」による積算線量の測定サービスを、7月から「さくらみなみ保育園」についても30人分実施して、被曝状況を把握したいと思う。実態を科学的に知ることができれば、こうした活動の当否を根拠をもって判断し、それがひいては安全・安心の土台になるだろう。

※解説＝実際にさくら保育園関係者100人（12カ月）とさくらみなみ保育園関係者30人（5カ月）を測

定したデータについては118ページ参照。

●質問2

現在、学童は虫や草花に全く触れていないが、触ると影響があるのか？　また、0・6マイクロシーベルト／時の草むらで虫やトカゲなどの小動物をとった場合、子どもたちの近くには置かない方がいいか？

★答え

放射線影響学的に懸念するようなことは全くないが、守るべきルールとして「土をいじったり、草木に触れたり、トカゲと遊んだりしたらよく手を洗おうね。傷があるときはばんそうこうをはろうね」といった決まりを守らせることは意味があろう。

●質問3

献立に使うすべての食材をミキサーにかけて専用容器に入れて放射能測定をしているが、園としての基準値（10ベクレル／キログラム）を超えた場合は、食材全部が使えなくなる。判断するにあたって迅速に対応してくれるところがない。実際、4月26日のモニタリングで10・4ベクレル／キログラムのセシウム137が検出された。その日の給食は「ごはん＋味噌汁＋果物」で緊急代替措置をとったが、その後同検体を2回測定したらいずれも不検出だった。ミキサーで混ぜてあるので、どの食材が汚染しているのか分からなかったため、姉妹園の「さくら保育園」の測定器でその日の給食（コロッケ、ナムル、味噌汁）を個別に測ってもらったら、いずれからも放射性セシウムは検出されなかった。どう判断すればいいか？

★答え

「さくら保育園」が導入しているような個別の食材をミキサーにかけずにそのまま測れる測定系は高価でもあり、「さくらみなみ保育園」では市から貸与されている測定器を利用せざるを得ない。放射線の測定値は、例えば10ベクレルのセシウム137を含む食材を900秒測定した時に、いつも必ず10ベクレルという数値が得られるわけではない。これは長さや重さを測るのとは決定的に違うところで、放射性物質からの放射線の出方は「気まぐれ」なので、同じ10ベクレルの試料を測っても、900秒あたりに放射線の数は、ある平均値のまわりにバラつく「気まぐれ」な性質を示す。その結果、10ベクレルのセシウム137を同じ900秒間測っても、測定結果は8・4ベクレルだったり、11・5ベクレルだったり、9・3ベクレルだったり、10・9ベクレルだったりバラつく。測定時間が100秒と短ければバラつきはもっと大きくなり、測定時間が5万秒と長ければバラつきはもっと小さくなる。実際上、そんなに長い時間はかけられないので、「さくらみなみ保育園」では測定時間を900秒（15分）に設定している。10ベクレルのセシウム137を含む試料を900秒測定した場合、何十回も測定して結果を整理すると平均値は10ベクレルになるが、個々のデータは前述のように8・7ベクレル、12・4ベクレル、9・5ベクレル、

13・2ベクレルなどとバラつく。しかし、測定結果が1ベクレルと出たり、50ベクレルと出るような極端なことは起こらない。バラつきの程度を表すのが「標準偏差」（記号ではσ：シグマ）で、「平均値±σ」の範囲に68・3％のデータが入り、「平均値±3σ」の範囲には、データの99・7％が入る。逆に言えば、放射能が10ベクレルである場合に「(10−3×σ)〜(10+3×σ)」の範囲をこえるデータが出ることは0・3％（1000回のうち3回）程度しかない（＝めったにない）ことを意味している。バラつきの程度を示す標準偏差σは測定時間によって異なるが、900秒測定場合の標準偏差が分かれば、「10+3×σ」の値を計算しておけば、「セシウムの放射能が10ベクレルなのにこの値をこえることは実際上あり得ない」と考え、それをこえたら「10ベクレルをこえた」と判断するという方法がしばしば採用される（「3シグマ法」）。σの求め方は後で伝えるとして、それまでは、「10ベクレルをこえるデータが得られたら、さらに2回測って、3回ともこえたら10ベクレルをこえていると判断する」方法を採用しておいて下さい。

※解説＝さくら保育園では安斎の斡旋でいちいち給食の食材を混ぜてミキサーにかけなくてもそのまま測定できる機器を導入したため、汚染が認められなかった食材はそのまま利用できるが、さくらみなみ保育園が市から借りている機器の場合は、測定に当たってすべての食材を混ぜてミキサーにかけ、ドロドロにしてから測定する。そのため、基準（さくらみなみ保育園の場合は政府の食品基準の「100ベクレル／kg」の10分の1の「10ベクレル／kg」に設定）をこえるとその日の給食の食材全部を廃棄して、別の献立を作らなければならない。さくらみなみ保育園では毎日このような食材放射能検査を続けてきたが、最近

は測っても測っても汚染が検出されなくなってきているので、検査をやめることも視野において安斎の示唆に基づいて「軟着陸作戦」を検討しつつある。つまり、いきなり全検査をやめるのではなく、測定間隔を延ばす、測定にかける食材の種類を減らすなどの措置をとりながら、いずれ検査をやめる日にむけて保育者や保護者の合意形成を図る方法である。

●質問4

0歳児の保育者でミルクを作るときにミネラル・ウォーターを使っている人がいるが、どう考えるか？

◆答え

供給されている水道水でも、ミネラル・ウォーターでも「放射能的」には問題ない。むしろ、事故前からミネラル・ウォーターを使っていた人には放射能汚染とは別の嗜好性があったものと考えられる。ミネラル・ウォーターでミルクを作るときには「硬度」が問題となり、ミネラル・ウォーターが無条件に最善というわけではない。放射能的には通常の水で差し支えないが、ミネラル・ウォーターを使いたい親御さんの場合にはその嗜好性を尊重しつつ、学習を積み重ねるなどして徐々に理解や合意を広めていくことが好ましいだろう。

※解説＝「福島プロジェクト」は人々の嗜好性を尊重し、別の方法を示唆したり提案したりはするが、強制することはしない。その人の考え方や感じ方にできるだけ寄り添いながら、徐々に理解を広げる。

●質問5

検査の結果「不検出」の福島県内産の米の使用に不安な保護者がいるが、どうか？

★答え

私（安斎）が入学して3年生まで在籍した二本松南小学校（当時は、二本松小学校）では2012年末から地元の食材を用いているが、それでも県外産の米を嗜好する保護者が子どもに弁当を持たせることも認めている。この場合も「強制」ではなく、福島県内産の米の放射能汚染の実態についてのデータを科学的に示しながら、徐々に理解と合意形成を進めていくことが重要だろう。

※解説：福島の他の土にはバーミキュライトという成分が含まれていて、汚染物質であるセシウム137を土の網目構造の中に強固に捕捉して離さない性質があるため、田畑の土にそれなりの汚染が認められる場合でもそこで栽培されるコメや野菜には有意の放射能が検出されない場合が多い（詳細は171～174ページ参照）。食材に汚染が検出されなければ放射線防護学的には全く問題はないが、人は科学だけで生きている訳ではないから、気分的に不安だという人には「不安を感じない食材選択の自由」を認めつつ、科学的なデータの実績を示しながら理解を求めるのがいいだろう。

◆2歳児の人生初散歩

私は4歳から9歳までの5年間を福島県の二本松で過ごしました。当時は保育園などありませんでしたが、貧乏生活の中でもはだしで野山を駆けめぐり、ドジョウやイナゴやタニシをとり、野イチゴや桑の実を食べ、いつもおなかをへらしながらも元気に飛び回っていました。おやつは干した渋柿の皮だったり、竹の葉に紫蘇《しそ》を包んだものだったりしましたが、たまに蒸かしたサツマイモをもらったりすれば、それはそれはご馳走で、皿の上で自動車や電車の形を作ったりしてさんざんもてあそんだ果てにやっと食べるといったありさまでした。農薬が使われていなかったせいもあって、田んぼにはイナゴがいっぱい飛び交っていましたが、イナゴは佃煮にして食べられるので、動物性タンパク質の補給源として貴重でした。布の袋の入り口に竹筒を差し込んでイナゴをとると、袋に入ったイナゴは逃げられません。あぜ道を行きつ戻りつしながら、夢中になってイナゴをとりました。遊び道具といっても戦中・戦後のあの時期には、手の込んだものは何もありませんでした。たまに五寸くぎの一本も手に入ると、友だちと変わりばんこに地面に突き刺して相手が描く図形を取り囲んでいくゲームに打ち興じましたし、自転車のリング（たが）があれば、溝に棒を押し当ててひたすら輪を転がす遊びを何時間も続けました。川でドジョウをとるには、よく観察してドジョウのいそうな場所を見きわめ、そろりそろりと近づいてザルで素早くすくいました。近くの二本松神社の石段や小さな山を駆け上ったり、駆け下りたりしているうちに、おのずから足腰が鍛えられ、自然と豊かに交わりながら四季折々の季節感を味わう感性が磨かれ、友だちとの交わりを通じて人間関係の機微を感じとり、コミュニケーション能力が身についていったように思います。戦争直後に通った二本松の小学校には若い男の先生はいませんでしたし、教科書もろくに整備されていませんでした。家でも本を買ってもらうなどということはほとんどありませんでしたし、紙を自由に使えるような環境にもありませんでしたが、それにもかかわらず、二本松で暮らしていたあの5年間は、私の四季折々の変化に感応する心や、自然を観察し考察する力、さらには、ちょっとした物があればそれに工夫を施して何か別のものを生み出していく創造力などを育む上で、とても大事な時期だったように思います。自然と豊かに交わる機会をもつことは、とても大切です。

福島市内のさくら保育園では、2011年3月11日の原発事故以来、2年半にわたって2歳児の散歩を控えていました。せっかくすばらしい自然があるのに、放射能という目に見えない「悪魔」に災いされて、子どもたちがなかなかトンボやカエルと戯れながら、自由に野原を走り回ったり、ゴロンと寝そべったり、すってんコロリンと転がったり、畑のイモを思う存分掘ったり、田んぼで泥まみれになって遊んだりすることがやりにくくなりました。

散歩によって二足歩行することは「ケモノ」が「ヒト」に進化する過程そのものですし、そのことによって、言語が明確に話せるようになったり、四季折々の周囲の景色の変化を感じ取ったり、信号や横断歩道に気を遣う社会的ルールを学んだり、ワイワイと互の意思を通じ合ったり、時には転んで痛い思いをしながら身を守る知恵を身につけたり……、とても大切ないろいろなことを学びます。保育にとって散歩は思いのほか大切なエクササイズです。

さくら保育園では、2013年10月4日、ついに2歳児が人生初めての散歩に出かけました。2歳児ということは、あの忌まわしい東日本大震災後の原発事故の年に生まれた子どもたちです。出かける前は緊張した面持ちだったのですが、写真を見てください。みんなすぐに散歩に慣れて、嬉しそうに歩いています。

福島市のさくら保育園の2歳児の人生初散歩
（2013年10月4日）

散歩には保育者だけでなく、保護者たちの心配がありました。わが子を危険な環境にさらしたくない──そう考えるのは親としてのごく普通の感情です。「根拠のある不安」は恐れなければなりませんが、「根拠もなく不安をまき散らす」ことは慎まなければなりません。それらは時に被災者に対する偏見や差別感情を生み出し、有害な風評被害によって被災地域に一層の困難をもたらすことにもなりかねません。

不安があればすぐに実態を調査し、不安が根拠のあるものであるかどうかを科学的に判断します。それは「福島プロジェクトの基本姿勢です。

◆保育園児の被曝

保育者や保護者の不安を受けて、私は福島市のさくら保育園の園児と保育士１００人を対象に、毎月の被曝線量を1年間にわたって実測する計画を立てました。それは２０１２年の12月に始まり、２０１３年の11月まで続きましたが、途中で、さくら保育園の姉妹園であるさくらみなみ保育園でも同じような不安があるというので、２０１３年7月から5カ月間、さくらみなみ保育園の30名も測定対象に含めました。測定はクイクセル・バッジと呼ばれ

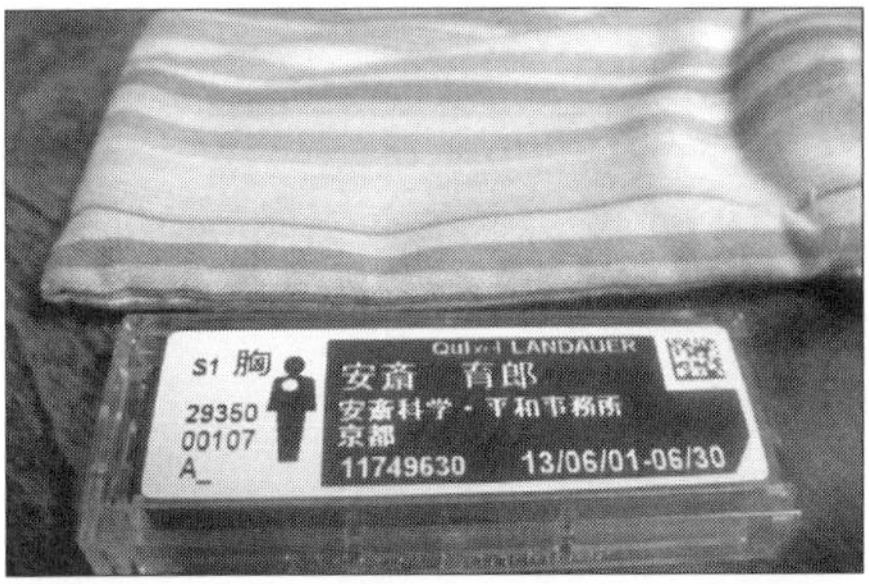

クイクセル・バッジ

クイクセル・バッジを装着した子どもたち

る個人被曝測定器で、知人の専門業者に委託しました。子どもたちが首から下げるバッジケース130個は、妻の喜美江さんが制作してくれました。

測定結果は下のグラフのようでした。

毎月の被曝線量は、さくら保育園の方が幾分か高めではあるものの、両保育園とも2013年11月時点では原発事故由来の被曝線量は0・011〜0・014ミリシーベルト／月程度で、年間に換算すると0・13〜0・17ミリシーベルト程度に相当しました。

公益財団法人・原子力全然協会の「生活環境放射線」（2011年）によれば、私たちは自然界から年間0・63ミリシーベルト（宇宙線＝0・3ミリシーベルト、地殻放射線＝0・33ミリシーベルト）の被曝を受けます（次ページ）。宇宙線は天から降ってくる放射線で、太陽活動や天候によっても変動しますが、平均的に0・3ミリシーベルト／年程度です。地殻放射線というのは地面に含まれる天然の放射性物質から放出される放

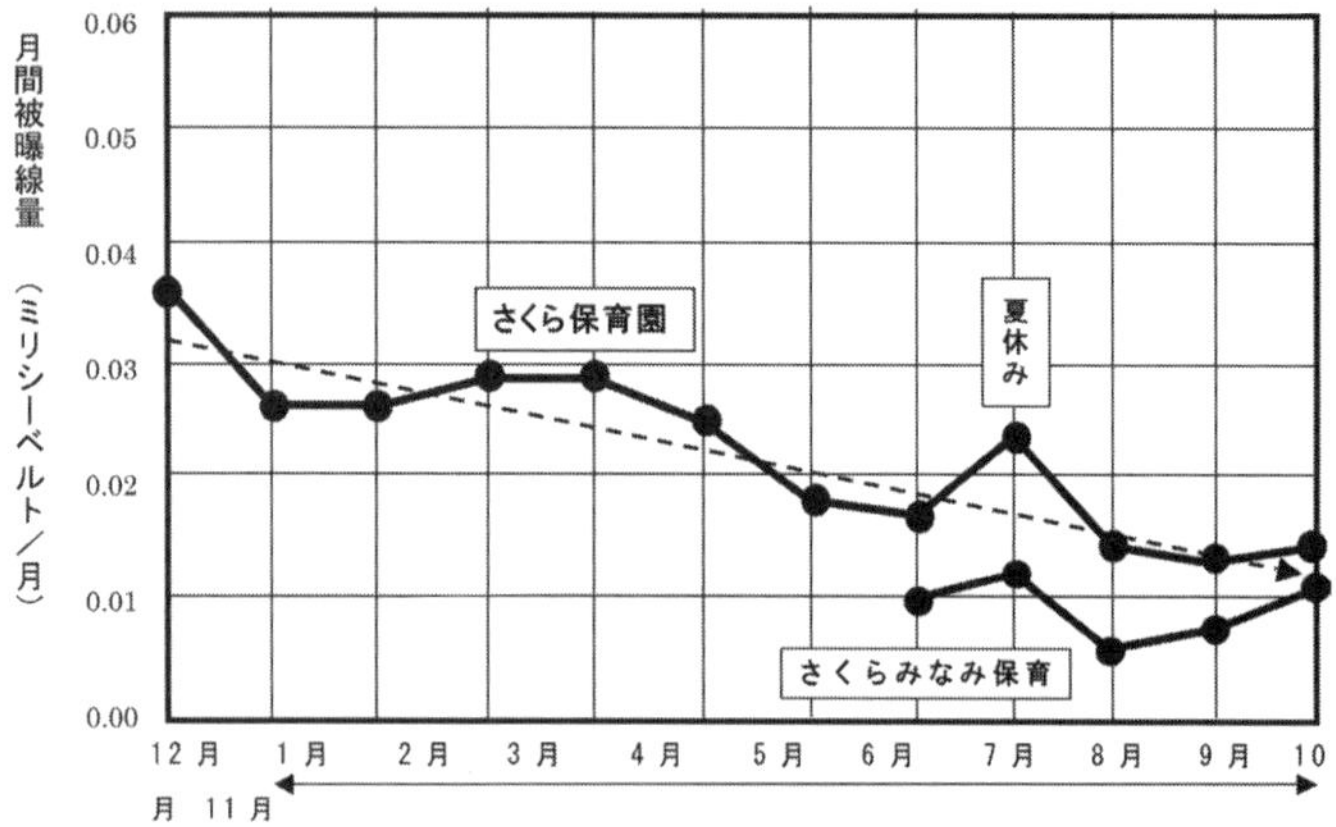

保育園関係者の原発事故に起因する平均月間被曝線量（2012～2013年）

射線で、これも地域によって異なりますが、平均して0・33ミリシーベルト／年程度です。保育園児たちの原発事故由来の被曝は、2013年末の時点で自然界から受ける外部被曝（0・63ミリシーベルト）の4分の1程度でしたから、現在ではもっと減少しています。原発から60㎞も離れた福島市の保育園でも、このように測定できる程の被曝をもたらした点で重大ですが、幸い被曝線量は深刻なものではありませんでした。

グラフを見て気づくことが二つあります。

一つは、両保育園とも夏休みにはやや増えているということです。これは早々と除染を実施した保育園にいるよりも、まだ除染が済んでいないエリアにある自宅にいる方がやや被曝が大きいことを意味します。

二つ目は、被曝レベルは全体として8カ月で半減するペースで下がりつつあるということです。

身の回りの放射線　**自然からの被ばく線量の内訳（日本人）**

被ばくの種類	線源の内訳	実効線量（ミリシーベルト/年）
外部被ばく	宇宙線	0.3
	大地放射線	0.33
内部被ばく（吸入摂取）	ラドン222（屋内、屋外）	0.37
	ラドン220（トロン）（屋内、屋外）	0.09
	喫煙（鉛210、ポロニウム210等）	0.01
	その他（ウラン等）	0.006
内部被ばく（経口摂取）	主に鉛210、ポロニウム210	0.80
	トリチウム	0.0000082
	炭素14	0.01
	カリウム40	0.18
合計		2.1

出典：（公財）原子力安全研究協会「生活環境放射線」（平成23年

❷2014年

◆福島市阿武隈川沿いの土壌汚染

2014年9月28日、それは御岳山噴火の翌日でしたが、福島プロジェクト・チームは、❶双葉郡楢葉町の宝鏡寺住職・早川篤雄さんの紹介による同町のWさん宅とKさん宅、真言宗豊山派宝林山地福院の放射線調査、❷郡山市のT保育園、A保育園、K保育園、そして、❸福島市のTH保育園の放射線環境調査に出向きました。しかも私は、NHK仙台放送局でのサンドウィッチマンの番組「どうなってる?」に「原発事故の汚染物」のテーマで大阪大学の八木絵香准教授と出演する用向きもあり、さらに、「JCO臨界事故を忘れない、原子力事故をくりかえさせない—2014年9・30茨城集会」での講演もあるという多忙な日程でした。

調査の途上、早川篤雄住職が宝鏡寺の庭のアケビ、アミタケ、ホウキタケを採取して来られたので後刻「さくら保育園」の食品放射能分析装置で測定してみたところ、アケビは検出限界以下でしたが、アミタケは約4660ベクレル/kg、ホウキタケは約480ベクレル/kgの汚染が認められました。いずれも厚生省の食品基準（100ベクレル/kg）を超えています。山菜類は、依然として注意が必要であることが明確に示されました。

放射線レベルの見立てをしたWさんのお宅には、下のような張り紙（泥棒への警告書）がありましたが、私たちが訪れた多くの被災者が盗難の被害に悩まされていました。原発事故に伴って町中が避難したため、泥棒にとっては格好の狙い場になり、早川住職の宝鏡寺も70センチにもなる大きな池の鯉を全部盗まれました。被災地に行ってみると、原発事故による被害は決して放射能汚染だけが問題ではなく、盗難被害に加えて、イノシシ、ハクビシン、アライグマ、アカネズミ、サルなど多くの動物による獣害も極めて深刻な様相を呈していました。

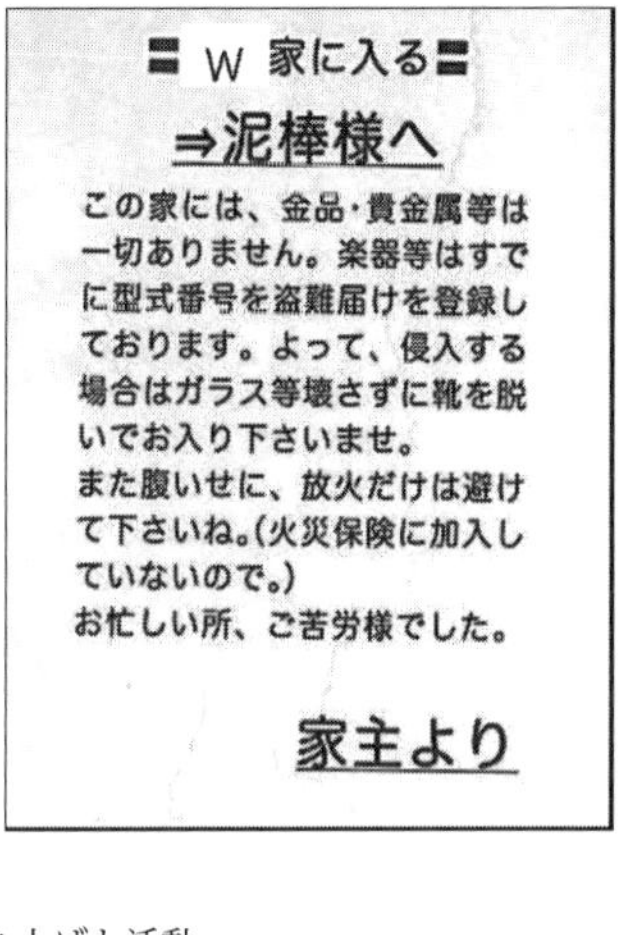

〓W 家に入る〓

⇒泥棒様へ

この家には、金品・貴金属等は一切ありません。楽器等はすでに型式番号を盗難届けを登録しております。よって、侵入する場合はガラス等壊さずに靴を脱いでお入り下さいませ。
また腹いせに、放火だけは避けて下さいね。（火災保険に加入していないので。）
お忙しい所、ご苦労様でした。

家主より

福島市のTH保育所の近くには阿武隈川が流れていますが、土手の放射線レベルは0・4〜0・6マイクロシーベルト／時（事故前の福島の生活環境の10〜15倍）と高く、早期の除染が望まれました。河川課の担当ですが、当時まだ土手の除染がなされていなかったためです。除染すれば半分あるいはそれ以下に減少するので、保育所が散歩道として利用することを希望している場所だけでも、優先的に除染することが期待されました。

汚染の原因は事故時に生えていた草が降ってきた放射能によって汚染され、そのまま腐葉土化して表面から数センチの層に蓄積されているためです。写真で採取している場所の地表の土の汚染は6万5400ベクレル／kgという高い値でしたが、その下の層は1180ベクレル／kgと激減しました。汚染は表層3㎝ぐらいのところに集中しているのです。私が事故の約2カ月後のさくら保育園の園庭で実験したように、表層土3㎝ぐらいを削り取れば、放射線のレベルは顕著に減少します。

国土交通省東北地方整備局・福島河川国道事務所が、2013年9月〜12月中旬に渡利地区の弁天橋から三本木橋上流にかけての阿武隈川右岸の住宅側堤防の除染を計画しましたが、除染した場所ではバラツキはあるものの、概ね線量が半分あるいはそれ以下に減少していたことも分かっています。人の被曝との関係で除染エリアの優先順位を判断し、着実かつ迅速に除染を進めていくことが求められます。

※注：放射能の単位「ベクレル」

放射能とは、ある原子が放射線を出して、別の種類の原子に変化する性質または能力のことです。福島の環境汚染で一番厄介な放射性物質は「セシウム137」ですが、この原子はベータ線とガンマ線を出して「バリウム137」という放射能をもたない原子に変わってしまいます。セシウム137が放射線を出してバリウム137に変わってしまえば、もう放射施物質

福島市ＴＨ保育所周辺阿武隈川周辺の土壌汚染調査
（2014 年 9 月 29 日）

ではなくなってしまいます。放射能の強さは、1秒間に何個の放射性原子が別の原子に変わりつつあるかで表現し、1秒間に1個の割合で別の原子に変わりつつある場合を「1ベクレル」の放射能をもつといい、1Bq／kgと書きます。放射能の発見者であるフランスのアントアーヌ・アンリ・ベクレルの名前に由来します。

例えば目の前にある物質中で、毎秒100個のセシウム137原子がバリウム137に変わりつつある場合なら、放射能の強さは100ベクレルです。上の阿武隈川の土手の表層土の汚染が65・400ベクレル／kgということは、表層土1kgを目の前に置くと毎秒6万5400個のセシウム原子が放射線を出して、バリウム原子に変わりつつあることを意味します。私たちが測定した汚染度の中で最も放射能が強かったのは浪江町のある食堂の庭の山際の土で、約220万ベクレル／kgの汚染でした。

◆『それでもさくらは咲く』（かもがわ出版）の刊行

放射能についての専門的知識も不十分なままに、福島市内の渡利地区で保育園を運営してきた人々は、園長の齋藤美智子先生を中心に、悩みながらの保育実践の記録を『それでもさくらは咲く』という本にまとめ上げました。書名には、保育園の近くの

『それでもさくらは咲く』

桜が震災後も変わらず咲いたように、子どもたちも元気に育って欲しいという願いが込められています。私も共著者として名を連ねました。

全国保育園連盟広報部の鷲尾道子さんは、『保育通信』723号の"BOOK REVIEW"で本書を取り上げ、次のように述べています。

震災後の4月になって文科省によるモニタリングが行われ、放射線量測定の結果、保育園は県内でも放射線量の高い施設とされた。幼児は「砂に触るな」「草木に触るな」と大人が神経質になり、ベランダにも出せなくなった。しかし、放射能について正しい知識を持つ者はいない。そこで、最初に始めたのが、学ぶことだった。

5月に福島県保育連絡会が中心となり、市民講座を開いた。その時の講師が安斎科学・平和事務所所長で、立命館大学名誉教授の安斎育郎氏で、後にさくら保育園の専属アドバイザー的存在となる。

さくら保育園の園児に手品を演じる安斎

京都を拠点とする放射線防護学者である私が、「それでも被災者支援のためにできることがある」と感じた経験だった。さくら保育園には事故の2カ月後からたびたび通い、園内の放射線環境の見立て、食材放射能検査装置の導入、園児や保育者の放射線被曝線量の1年間にわたる測定、保護者らの不安や疑問に対する対応、学習会の開催、いくつもの散歩ルートの放射線レベルの測定など、さまざまな課題に対応してきました。私は「反原発」の看板を背負っていたせいか、自治体レベルからの放射線アドバイザーの依頼などはありませんでしたが、知人の中には、野口邦和さん（日本大学、当時）のように、自治体レベルでの放射線アドバイザーとして大いに活躍した研究者もいたことは心強いことでした。

2020年に新型コロナウイルス感染症がパンデミック化する中で、マスコミを通じて多くの感染症研究者や疫学研究者や医療専門家たちが視聴者に毎日のようにメッセージを発信している姿を見るにつけ、あの原発事故のもとでも放射線防護学分野の専門家がもっと身近に生活に役立つ、放射線から身を守るための具体的な方法を発信できればよかったのになあと感じるこの頃です。

❸2015年

◆南相馬Mさん宅

福島プロジェクトの活動は、2015年4月18日、NHKのETV特集『終わりなき戦い～ある福島支援プロジェクトの記録～』(59分)として紹介されました。各方面からさまざまな反響がありました。番組のディレクターは米原尚志さん(故人)で、自らもがん闘病中の身でしたが、毎月3日間福島を訪れていた私たち「福島プロジェクト」をカメラ・音声・運転担当のスタッフと何カ月も追い続け、この番組に仕立ててくれたものでした。当時の番組紹介には、次のようにあります。

福島原発事故から5年目の春。いまも毎月3日間、決まって福島を訪ねてくる人たちがいる。放射線防護学者の安斎育郎さん(75)をリーダーとする「福島プロジェクト」のメンバー5人、いずれも経験豊富な科学者、エンジニアなどの専門家だ。原発事故が起きてから、福島の人たちが少しでも安全に、安心して暮らせるように、ボランティアとしての活動を続けてきた。

メンバーの平均年齢は66・6歳。活動は極めて実践的で、フットワークが軽いのが特徴だ。放射線の不安のなかで生活する住民の要望に応じて、さまざまな手助けをする。例えば、保育園の子どもたちのために安全な散歩道を選定すること。GPSと連動させた放射線測定器を手に歩き回り、子どもたちが福島の豊かな自然と触れあうことができ、しかも被曝のおそれの少ない道を選び出す。単に放射線を測定するのではなく、そこにいた場合の推定被曝量を計算し、自然放射線の量なども参考にしながら健康に与える影響についてのアドバイスを行う。局地的に高い放射線を計測するホットスポットを解消するため、メンバーがみずから「除染」に汗を流すことも珍しくない。

「福島プロジェクト」のモットーは「事態を侮らず、過度に恐れず、理性的に怖がる」。決して住民に「安全」を押しつけないが、かといって、ことさらに「危険」をあおることもない。決めるのはあくまで住民自身。専門家として客観的な情報を提供したうえで住民の判断を尊重、支え役に徹する。

大変好意的な紹介でした。まさに私たちが実践していることをあるがままに紹介してくれていました。

この番組で紹介されたケースの一つが、南相馬市のMさん宅でした。実はMさん宅には前の月に一度訪れたのですが、そのとき、惜しいことに立派な屋敷林のスギの木はすでに（「木が被曝の原因になる」という噂を受けて）伐採された後でしたが、地表に降り積もったスギの枝葉などによってもたらされた放射能汚染が、いまだに高い放射線レベルの原因になっていました。スギの葉はケバケバで表面積が大きく、降ってきた放射性物質で汚染されていました。

２９１５年3月19日、子どもたちが安心して遊べるスペースを作るために、庭の一画の表層土を10㎝削り取り、その上に新しい砂を被せました。やったことは極めて単純なことですが、平均年齢66・6歳の私たちには、それなりの労力です。汚染した表層土を取り除き、汚染のない新たな砂をのせて遮蔽とした結果、次ページのグラフに見るように放射線のレベルは１／10に下がり、遊べるスペースができました。

「福島プロジェクト・チーム」の特徴は、原理や方法を示唆するだけでなく、実際にやってみるということです。番組紹介の中で「フットワークが軽いのが特徴」と説明されていますが、できるだけ実践可能な方法を提案し、実際にやってみること──これは知識を力に変えるために大切

南相馬Mさん宅を除染して子どもの遊び場をつくる
（2015年3月19日）

なことだと思います。

◆『美味しんぼ』騒動

『美味しんぼ』は1983年20号から『ビッグコミックスピリッツ』（小学館）に連載されていた、雁屋哲原作、花咲アキラ画のグルメマンガです。

2014年4月28日発売の同誌22・23合併号に掲載された第603話には、東京電力福島第1原発を訪れた主人公の新聞記者・山岡士郎が鼻血を出すシーンなどがあったことから、同年5月7日、地元の双葉町は発行元の小学館に対して抗議文を送りました。マンガの中には、双葉町の前町長も実名で登場し、「福島では同じ症状の人が大勢いますよ」と発言するなど、原発事故との関連性を指摘していましたが、双葉町の抗議文は、「現在、原因不明の鼻血等の症状を町役場に訴える町民が大勢いるという事実はありません」とし、「福島県全体にとって許しがたい風評被害を生じさせ」、「県民への差別を助長させることになる」と訴えた──これが『美味しんぼ』騒動です。

除染と遮蔽で激減

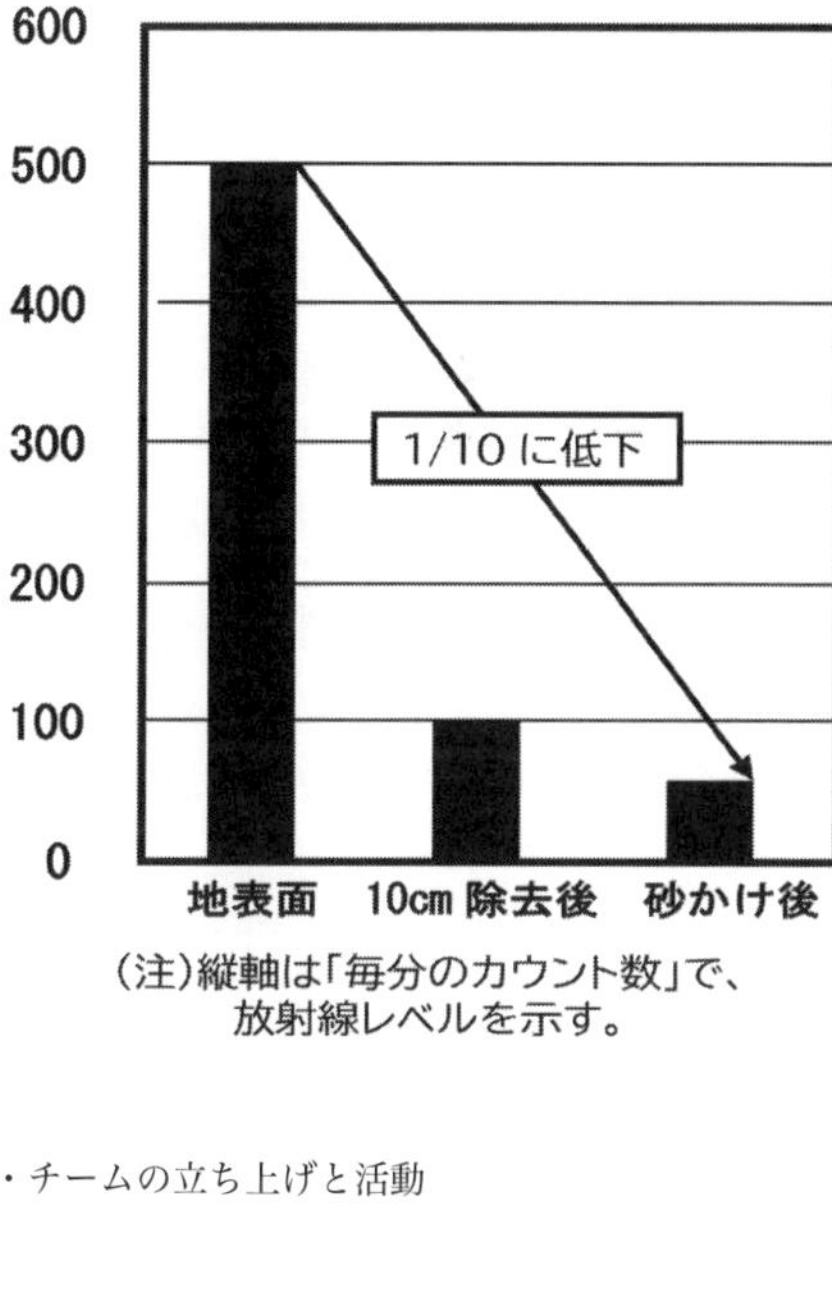

（注）縦軸は「毎分のカウント数」で、放射線レベルを示す。

その後、『週刊プレイボーイ』編集部からインタビューがあり、私は2015年3月2日付で次のように回答しました。

〈はじめに〉

私は、今更ながら鼻血問題に焦点を当てて、その問題にどのような見解をとるかによって放射線研究者や専門家と言われる人を「肯定派」と「否定派」に分類して、声を一つに原発問題の本質に迫る国民運動に内部対立を作り出すようなことには、根本的に批判的です。論争要因を持ち込むことは為政者が常用する手段であり、再稼働問題が目の前にある現在、私は日本の原発開発をめぐる国際関係・政治・経済・社会・科学・技術・文化全体の本質に迫り、個別の問題についての見解の違いをこえて、未来世代に責任をもつエネルギー政策の選択をすべきだと確信しており、鼻血問題に焦点を当てる企画意図が理解できていません。毎月福島に通って放射能調査に取り組みながら、原発事故の甚大な社会的影響に苛まれている福島の人々と接している身には、それはかなり深刻な問題意識です。

『美味しんぼ』では、鼻血だけでなく、常ならぬ倦怠感も訴えていると思われるので、鼻血問題だけ取り上げるのは放射線影響学的には適当ではないと感じています。放射線被曝によって全身倦怠感を生じるには、人によって違いがあるとはいうものの、1000ミリシーベルト程度の被曝が必要でしょう。感受性の高い人でも200ミリシーベルト程度以下では起こりにくいでしょう。私が事故から5週間後に（立ち入り禁止前の）浜通りをいわきから相馬まで調査したときの全体の被曝は0・022ミリシーベルトでしたから、取材で200ミリシーベルトも浴びるにはかなりきわどい高汚染エリアにそれなりの時間留まったことになるでしょうが、そのような高い被曝を伴う取材を許すとは考えられません。

◇質問1：被曝によって鼻血が出やすくなる状況があれば、それはどういった条件が整ったときなのか、またそのメカニズムはどういうものなのかを教えてください。

〈回答〉その上で鼻血問題を「どんな被曝状況で起こり得るか」と問われれば、①数百ミリシーベルトの被曝を伴う取材活動に従事した（それは、上の説明からも考えにくい）、②鼻中隔粘膜に特異的にベータ線を発するホットパーティクル（高い濃度のβ放射体を含む放射性物質を含む微粒子）が付着して、局所的な被曝を与えた（もしそうなら立ち入った場所のホットパーティクル濃度をチェックすればそのような可能性があったかどうか判断できるでしょうし、鼻から吸い込まれた空気だけが特異的に汚染していたとは考えにくいので、体の他の表面や着用した防護服の汚染レベルや、立ち入り先の空気中の放射性粉塵濃度から、こうした推論の当否が判断されるでしょう）。もしも、福島やその周辺で鼻血が起こるほどのホットパーティクル濃度があったのだとすれば、空気中のホットパーティクル濃度が放射線計測学的方法で検出可能であると思います。

◇**質問2：**低線量被曝で鼻血が出やすくなることはあるのでしょうか？
〈**回答**〉低線量被曝で鼻粘膜が可視的な量の出血を伴うような急性の影響を受けるとは考えられません。

◇**質問3：**(2)で「ある」、もしくは「ない」と答えた場合、それぞれ理由をお聞かせください。
〈**回答**〉(1)(2)の回答をご参照ください。

◇**質問4：**内部被曝の影響で鼻血が出やすくなるという説に対してどんなご意見をお持ちでしょうか。なるべく詳しくお聞かせください。
〈**回答**〉内部被曝で鼻血が出やすくなるという知見はしりません。人間が最も早く放射線障害を経験したのは、およそ500年前（西暦1500年ごろ）のヨーロッパのシュネーベルク鉱山やヨアヒムスタール鉱山など銅やコバルト鉱山の労働者であり、それらがウラン鉱山でもあったことから知らず知らずのうちにウランとその系列崩壊の放射性物質を吸い込み、肺がんが多発しました。しかし、ウランが発見されたのは1789年、ウランが放射性であることが発見されたのは1896年、鉱山労働者の傷害が肺がんであることが分かったのは1920年代でした。α放射体やβ放射体を含む多量の放射性粉塵を吸い込んだ労働者の深刻な障害は（鼻血ではなく）肺がんでした。『美味しんぼ』の取材者も鼻の粘膜に急性の放射線障害を受けるほど高濃度の放射性粉塵を吸い込んだのであれば、当然吸入による体内汚染が起こりますので、ホールボディ・カウンターで検出されるでしょうし、ホールボディ・カウンターで有意の放射能が検出された人に鼻血体験が多いかどうか検討できるでしょう。私自身の幼児体験からしても、鼻血経験は珍しくありません。野球やバレーボールやドッジボール、あるいは転んで鼻に強い衝撃を受けた場合や、指で傷つけた場合などに子どものころは鼻血を出しました。もちろん抗凝固剤を服用した場合や女性の月経時などにも鼻血が出やすいことは広く知られています。言うまでもなく白血病や血友病など、もっと深刻なケースもあるでしょうが、福島やその周辺でも「鼻血体験」があったであろうことは実体験者たちが証言しているのであれば事実に相違ありません。しかし、それを直接原発事故由来の被曝に結びつけることは慎重であるべきだと思います。鼻血という分かり易い、そして放射線被曝以外の原因でも広く見られる症状が、原発事故に伴うさまざまな不安の中で心理空間において被曝と結びつけてとらえられたという感じを拭えません。「さまざまな不安」の中には、電力会社や政府の対応のひどさや、専門家に対する不信感や、鼻血を放射線被曝と直結して理解する言説がネット上を駆け巡ったことや、放射線の影響についての知識の不足などが含まれるでしょう。

◇**質問5**：福島では年間20ミリシーベルトまでの地域への住民帰還が進められています。一方、放射線を扱う職業人の実効線量限度は1ミリシーベルト（妊婦の場合）です。こうしたことを考え合わせても20ミリシーベルトは将来の健康被害を心配しなくて良いレベルの被曝量だとお考えですか。

〈回答〉行政は政策展開上何らかの指標を定めざるを得ない立場にありますが、私は「20ミリシーベルト以下なら安全」といった見解は一切取りません。放射線防護学の専門家としては「より低く」以外にはありません。それにしても「20ミリシーベルト／年」は非常に高い被曝レベルです。私の感覚では「年間1ミリシーベルト」を当面の日安と考えていますが、それも、単に空間線量率から机上ではじき出した数字ではなく、その土地で生活を営むことに伴う実被曝線量です。そして、年間1ミリシーベルト以下であっても「より低く」をめざして、被曝によるリスクの極小化を図ることが不可欠であると感じています。原発由来の被曝については、福島市渡利地区（相対的に放射能降下量が多かった地域）の保育園関係者100人以上を実測したところ「年間0・15ミリシーベルト以下」、川俣町の居住者についてはおよそ「年間1ミリシーベルト」、帰還計画が検討されている楢葉町に先行して入っている人の場合で「年間1ミリシーベルトを下回る程度」でした。20ミリシーベルト／年は著しく高いので、まずは①除染、②遮蔽、③距離、④時間の放射線防護4原則を徹底して実施して放射線環境を具体的に改善することが先決だと思います。除染はやり方にいろいろ問題がありますが、明らかに有効であり、遮蔽と組み合わせてもっと放射線被曝環境を改善できますし、放射線防護についての具体的・実践的な知識の普及によって、距離（ホット・スポットの場所を明らかにして近づかない。人間が近づかなければならいない場所は重点的に除染や遮蔽を施す、など）や時間（家族が長時間居在する場所の防護対策に力点を置く、など）の要素も勘案した対策を普及すれば、被曝をもっともっと下げられると確信しています。

◇質問6：健康被害を不安に思う住民に対しては、どのようなアドバイスが有効ですか？

〈回答〉①放射線環境の実態を把握すること（われわれ「福島プロジェクト」チームも毎月そのお手伝いをしています）、②ホット・スポットを見立て、除染・遮蔽などを施すこと、③被曝の程度を実測すること（外部被曝は積算線量計で、内部被曝はホールボディ・カウンターで）、④食物・水・空気の汚染も「福島＝汚染」と決めつけずに、実測値に基づいて理性的に判断すること（2016年2月に楢葉町の湧水を測定したところ検出限界以下でした。とにかく「実態を把握すること」をお勧めします）、⑤放射線についての基本的な知識をさらに知り、「事態を侮らず、過度に恐れず、理性的に怖がる」生き方について考えること、⑥このような災厄をくりかえさないために、原発政策を含むエネルギー政策のあり方について考え、未来を選びとる責任ある行動を心がけること、などです。

◆帰郷を妨げる要因─原発政策、水の汚染、被曝への不安

「福島プロジェクト」は2015年2月26日〜2月28日、南相馬市内の9軒の個人宅の放射線調査および原町区牛越仮設住宅第4集会所での説明・相談会、南相馬市立石神第1小学校通学路周辺の放射線環境調査、楢葉町の宝鏡寺・早川篤雄住職の案内で楢葉の大谷集落周辺の放射線量率調査、および、木戸川水系の水の放射能汚染調査を実施しました。あわせて、避難先からホームタウンに戻る意志についても意見交換するとともに、楢葉町でのアンケート調査結果について検討を加えました。

仮設住宅での意見交換によると、放射能汚染を受けたホームタウンに戻るか、戻らないかについては、年齢や職業を含むさまざまな条件によって、被災者の思いは一様ではないことが分かりました。「すぐにでも戻りたい人々」がいる一方で、「将来とも戻りたくない」と考えている人々も少なくありませんでした。戻った後の地域社会が事故前のように安定的に機能するためには、もちろん放射能汚染だけが問題なわけではなく、農業生産その他の生業が成立するのかどうか、消費生活を含む生活の利便性が確保できるのかどうか、バランスのとれた年齢構成で地域の文化的営みを昔のように人間関係豊かに受け継ぐことができるのかどうか、事故原発が再び牙を剥くようなことはないか、といった多様な問題が関係しています。

私たち「福島プロジェクト・チーム」にできることは限られていますが、少なくとも放射能汚染や放射線被曝に関する不安や悩みについては、科学的な実態調査を誠実に実施し、その結果をふまえて放射能環境を偽りなく見立て、被曝の低減のために実行可能な措置を具体的に提案し、「被曝のリスク」の極小化のために役だって行きたいと考えています。私たちのモットーである「事態を侮らず、過度に恐れず、理性的に向き合う」というのは易しくはありませんが、それが必要だろうと考えています。

早川篤雄・宝鏡寺住職からは、下表のような楢葉町住民の「帰還意向」に関する調査結果が報告されました。

このアンケート結果から私は次のことを読み取りました。

(1)「戻らない」と決めている人は約5分の1ですが、別の見方からすれば、4分の3強の人々が戻る可能性があることを示唆しています。楢葉町の再興のために帰還可能な条件づくりを進めることは、大義であると感じます。

楢葉住民の「帰還意向」調査結果（早川篤雄さん提供）

	すぐ戻る	条件が整えば戻る	今は判断できない	戻らない	無回答
2012年度	9.7%	33.1%	34.0%	22.3%	0.9%
2013年度	8.0%	32.2%	34.7%	24.2%	0.9%
2014年度	9.6%	36.1%	30.5%	22.9%	0.8%

「戻らない」と決めている理由

	2013年度	2014年度
放射線に対する不安があるから	50.9%	45.4%
原子力発電所の安全性に不安があるから	70.2%	54.9%
水道水などの生活用水の安全性に不安があるから	49.3%	51.9%

（2）「戻らない」と決めている理由については、相対的に「原子力発電所の安全性に不安がある」ということが主な理由ですが、今次事故を踏まえて、県知事が言っている『福島県としては「原子力に依存しない社会を創る」ということを県の計画にしっかり掲げて、それを大前提で福島県内の原発全基廃炉を、国・電力事業者に訴えていくということをやはり全国に発信していく』という方向性が将来展望として明確になり、実践されるならば、この理由は解消される可能性があるでしょう。

（3）「戻らない」と決めている第2の理由が「水道水などの生活用水の安全性に不安がある」ということなので、今次調査では早川篤雄氏の要請にもとづいて、①木戸川の水（a.木戸川第3発電所放水口付近、b.長瀞橋下、c.木戸川河口、の3カ所で取水）、②大谷集会所の水道水、③宝鏡寺の水道水、④商店街の水道水、の合計6検体の放射性セシウム濃度を「ヨウ化セシウム・シンチレーション・カウンター」で精密測定しました。詳細は次ページに示されている通り、いずれについても結果は「不検出」であり、1月27日に取水した宝鏡寺の湧水が「不検出」であったことと併せて考えるとき、幸い、楢葉町の生活用水に関する限り、放射能汚染の問題は懸念すべき実態にはないと考えられました。今後もこうした測定が継続され、その結果が広く公表されることを期待します。

楢葉町で採取した以下の検体について、ヨウ化セシウム・シンチレーション・カウンターを用いて1検体当たり4時間測定しました。（検出限界は、セシウム134が0・47ベクレル／kg、

〈楢葉の水の放射能検査結果〉

●宝鏡寺の水道水

（採取：2015 年 2 月 27 日、測定：3 月 6 日、測定時間：4 時間）

セシウム 134（半減期 2 年）　検出限界以下（0.47 ベクレル／ kg 以下）

セシウム 137（半減期 30 年）　検出限界以下（0.41 ベクレル／ kg 以下）

カリウム 40（自然放射性物質）　6.6（ベクレル／ kg）

●「ここなら商店街」水道水

（採取：2015 年 2 月 27 日、測定：3 月 7 日、測定時間：4 時間）

セシウム 134（半減期 2 年）　検出限界以下（0.47 ベクレル／ kg 以下）

セシウム 137（半減期 30 年）　検出限界以下（0.40 ベクレル／ kg 以下）

カリウム 40（自然放射性物質）　8.3（ベクレル／ kg）

●大谷地区集会所水道水

（採取：2015 年 2 月 27 日、測定：3 月 8 日、測定時間：4 時間）

セシウム 134（半減期 2 年）　検出限界以下（0.47 ベクレル／ kg 以下）

セシウム 137（半減期 30 年）　検出限界以下（0.40 ベクレル／ kg 以下）

カリウム 40（自然放射性物質）　検出限界以下（5.8 ベクレル／ kg）

●第 3 発電所放水口上流側

（採取：2015 年 2 月 27 日、測定：3 月 8 日、測定時間：4 時間）

セシウム 134（半減期 2 年）　検出限界以下（0.47 ベクレル／ kg 以下）

セシウム 137（半減期 30 年）　検出限界以下（0.40 ベクレル／ kg 以下）

カリウム 40（自然放射性物質）　検出限界以下（5.8 ベクレル／ kg）

●第 3 発電所放水口下流側

（採取：2015 年 2 月 27 日、測定：3 月 8 日、測定時間：4 時間）

セシウム 134（半減期 2 年）　検出限界以下（0.47 ベクレル／ kg 以下）

セシウム 137（半減期 30 年）　検出限界以下（0.40 ベクレル／ kg 以下）

カリウム 40（自然放射性物質）　検出限界以下（5.8 ベクレル／ kg）

●長瀞橋下の木戸川の水

（採取：2015 年 2 月 27 日、測定：3 月 8 日、測定時間：4 時間）

セシウム 134（半減期 2 年）　検出限界以下（0.47 ベクレル／ kg 以下）

セシウム 137（半減期 30 年）　検出限界以下（0.40 ベクレル／ kg 以下）

カリウム 40（自然放射性物質）　検出限界以下（5.8 ベクレル／ kg）

●木戸川河口の水

（採取：2015 年 2 月 27 日、測定：3 月 8 日、測定時間：4 時間）

セシウム 134（半減期 2 年）　検出限界以下（0.47 ベクレル／ kg 以下）

セシウム 137（半減期 30 年）　検出限界以下（0.40 ベクレル／ kg 以下）

カリウム 40（自然放射性物質）　検出限界以下（5.8 ベクレル／ kg）

セシウム137が0・40ベクレル／kg、天然の放射施物質カリウム40が5・8ベクレル／kg）。

分析の結果、左記に示すように、いずれの検体からも有意の放射性セシウムは検出されませんでした。

こうした環境調査が今後も適宜行なわれ、現住町民および避難住民に公表されるならば、水環境の汚染に関する不安は徐々に取り除かれるでしょう。

（4）「戻らない」と決めている理由の第3は「放射線に対する不安があるから」ですが、これも実態に即した理解と判断が期待されるところです。今次調査でも明らかにされた通り、楢葉町の道筋の空間放射線量率は、除染の効果を反映して総じて環境省の要除染判断基準である「0・23マイクロシーベルト／時」を下回る程度に低下しています。同時に、いまだ放射線レベルが相対的に高いホット・スポットが見られるので、放射線防護学的には、今後とも生活環境の放射線実態に関心を示し、「より低く」をめざして努力が重ねられるべきであることは言うまでもありません。とりわけ、河原の土手

福島県楢葉町宝鏡寺の早川篤雄住職の被曝線量の測定結果

（毎月の一番多く浴びた日の被曝レベルの変化）

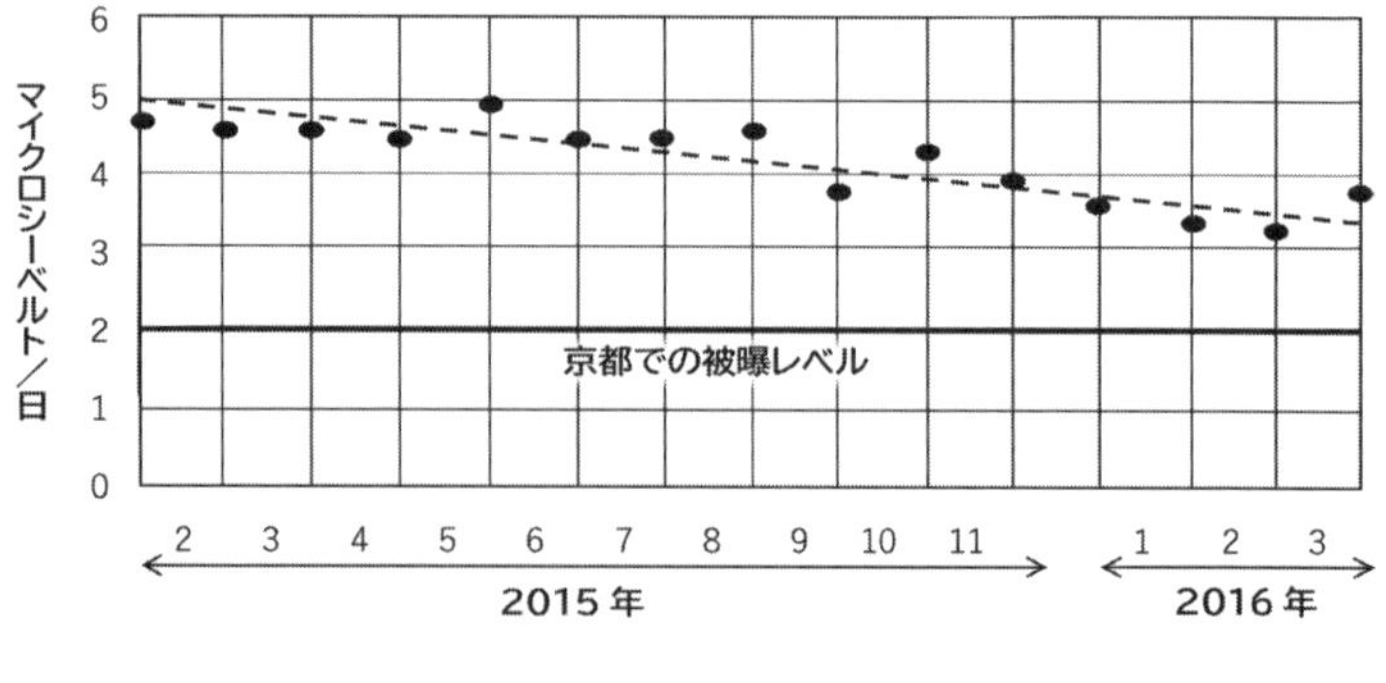

や針葉樹の屋敷林の地表には高い放射能が残されていますので、今後とも重点的な除染や遮蔽などの措置により、それを人間の被曝に結びつけない対策を具体的に実施する必要があります。

早川篤雄・宝鏡寺住職が1日ごとの被曝量を測定できる線量計を装着して自らの被曝線量を測ったところ、前ページのようでした。

2015〜2016年当時は、榾葉での被曝は自然放射線を含めて平均4マイクロシーベルト/日程度で、徐々に下がりつつありました。4マイクロシーベルト/日とすると1年では、4(マイクロシーベルト/日)×365(日/年)=1460(マイクロシーベルト)程度となります。これは「外部被曝線量」ですが、日本人はこれに加えて、誰でも食事や呼吸を通じて自然放射性物質に起因する内部被曝を「約1600マイクロシーベルト/年」程度受けています。福島では、(汚染されたキノコや山菜を多食・常食している場合を除けば)、原発事故由来の放射性物質による内部被曝線量が有意に高いことはないので、早川篤雄住職も、平均して1600マイクロシーベルト/年程度の自然放射性物質よる内部被曝を受けていると推定されます。したがって、早川住職の年間被曝は、2015〜2016年当時で外部被曝・内部被曝合わせて最大で1460+1600≒3000マイクロシーベルト/年程度だったと思われます。

一方、京都の安斎科学・平和事務所の島野由利子秘書が同種の線量計で測定したところ、外部被曝線量は約2マイクロシーベルト/日だったので、年間では730マイクロシーベルトになります。これに内部被曝線量1600マイクロシーベルトを加えると、年間被曝は2330マイクロシーベルト程度になります。つまり、早川住職の放射線被曝は、京都で生活している島野秘書に比べて、3000－2330＝670マイクロシーベルト／年（0・67ミリシーベルト／年）程度余計に浴びている計算になりますが、このグラフは「毎月の一番多く浴びた日」のデータですから、平均的にはこの推定値よりもかなり低かったと思われます。その後も早川住職の被曝は徐々に減り続けましたので、2021年の現在では、京都在住者よりも1割程度多いレベルにまで下がっているでしょう。

このような被曝線量の実態をさらに実測によって明らかにしつつ、ホット・スポットの除去に旺盛に努力することによって、被曝実態が、放射線の影響を懸念すべきレベルかどうかについての理解が深められ、第3の問題（「放射線に対する不安があるから」）についての受容可否判断も「落ち着くところに落ち着く」ものと考えられます。

❹2016年

◆調査に伴う「福島プロジェクト」メンバーの被曝

よく人々から、「福島プロジェクト・メンバーの被曝は大丈夫ですか？」と聞かれます。放射線防護学が専門の私のことですから、その点は抜かりなくチェックしています。

次ページのグラフは、２０１６年５月19日〜21日、および、２０１７年12月21日〜23日に、「福島プロジェクト」がいわき市⬇大熊町・双葉町⬇福島市と移動しながら測定したときの桂川秀嗣調査員の被曝線量の変化です。上のグラフが２０１６年５月、下のグラフが２０１７年12月のデータで、約1年半後に当たります。一番下に京都での自然放射線の被曝レベルが描いてありますが、平均して1日２マイクロシーベルト、３日間では６マイクロシーベルト浴びます。

２回の調査とも、原発の地元である大熊町と双葉町にいるときに、急激にグラフが立ち上がっています。その前後、いわき市と福島市で調査している時にはグラフの傾斜が京都と同じです。つまり、いわき市や福島市では被曝のペースがほとんど京都と同じですが、大熊町や双葉町では短時間に多量の放射線を浴びていることを示しています。グラフの高さが違うことからわかるように、1年半の間に被曝レベルは半分以下に

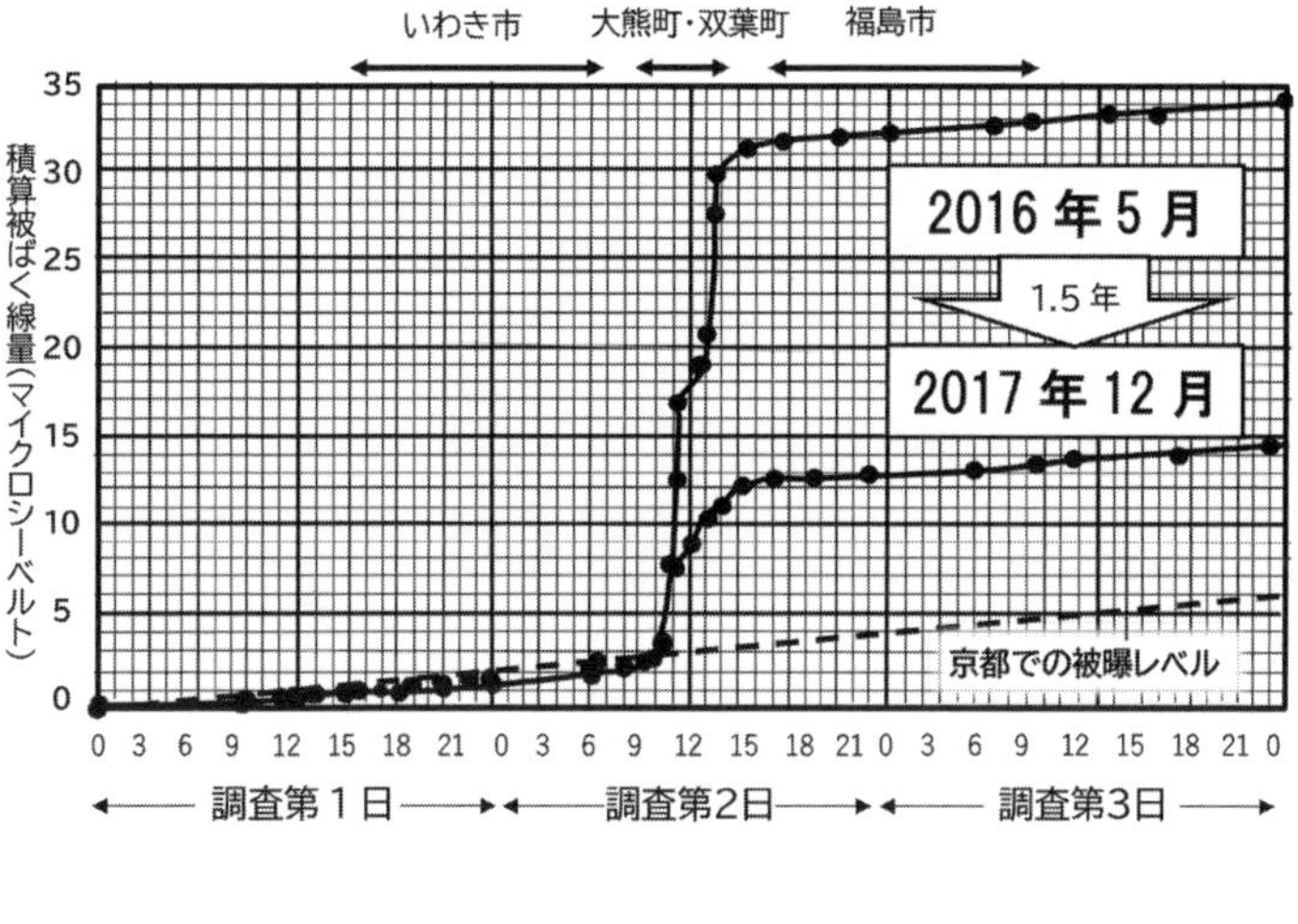

減りましたが、いまだに事故原発のおひざ元ではそれなりに高い被曝環境が残っていることが分かります。

下のグラフは、２０１５年２月21日〜３月19日までの約１カ月間の私の１日当たりの被曝線量を示しています。京都で通常に生活を営んでいるときは２マイクロシーベルト／日を下回る程度の自然放射線被曝ですが、福島プロジェクト調査に出かけると被曝がポンと跳ね上がります。２月27日も３月19日も南相馬の調査で被曝したものです。

福島プロジェクト・チームは調査の目的でかなりの高汚染地帯にも足を踏み入れますが、調査はできるだけ短時間で済ませますので、被曝線量はそう大きくはなりません。73回の福島調査で私が浴びた線量は、大きめに見ても合計５００マイクロシーベルト程度で、日本人が受けている年間の自然放射線被曝線量（約２１００〜２２００マイクロシーベルト）の４分の１程度でしょう。

それよりも、数年前に大腸内視鏡検査のために入院したこ

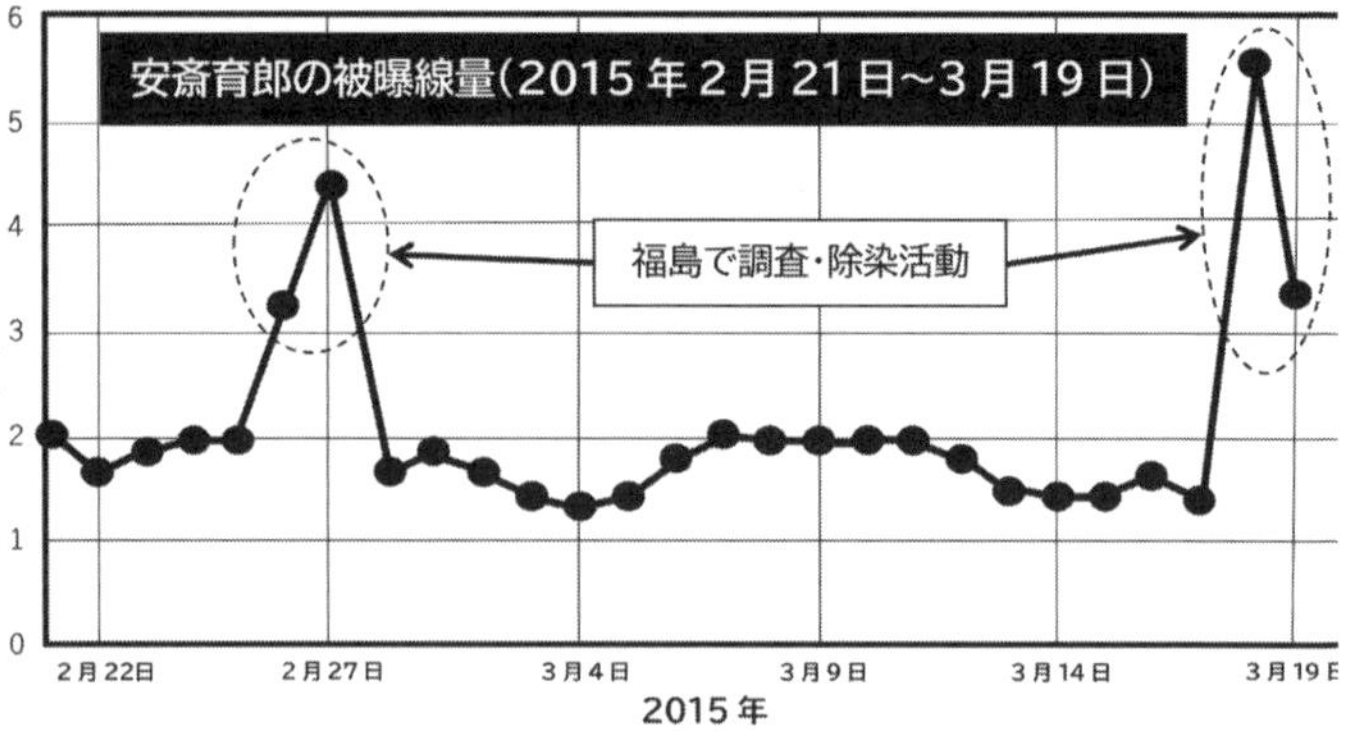

とがあったのですが、福島プロジェクト調査の予定日の前日に退院したい旨を告げると、腹部CTスキャンで問題がなければということになりました。CT（コンピューテッド・トモグラフィー）スキャンというのは体を輪切りにするようにエックス線撮影し、その情報をコンピュータで画像として表す検査技術で、これまでの診断技術にはない優れた病巣描出能力をもっています。ところがエックス線による被曝線量は結構多く、腹部CTスキャンで私が受けた線量は1万～1万5000マイクロシーベルト（10～15ミリシーベルト）だったと思われます。日本人が医療上受ける被曝線量は世界一多く、平均で年間3900マイクロシーベルト程度の医療被曝を受けています。世界平均が600マイクロシーベルト程度と言われていますので、その約5倍に達します（下の図）。

医療上の放射線利用は病気の診断や治療という大義名分があるので、原発事故による被曝のように何のメリットももたらさない被曝と直接比較することはできないにして

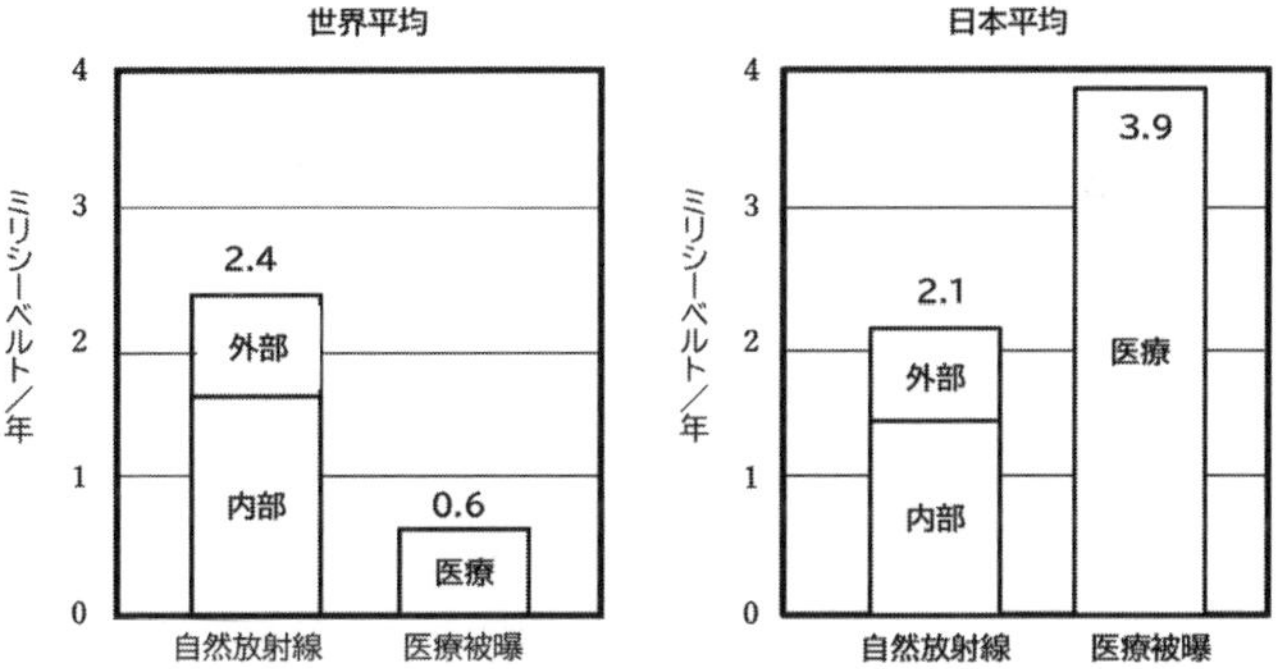

〈出典〉世界平均（原子放射線の影響に関する国連科学委員会、UNSCEAR）
日本平均（原子力安全研究協会「生活環境放射線」〈2011 年〉）

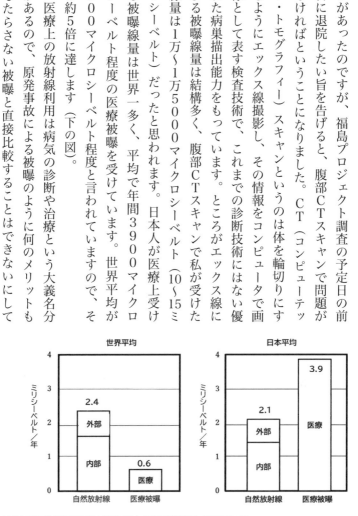

も、放射線防護学的には「被曝は少ないに越したことはない」ということに変わりはありません。

◆福島の人々の被曝線量

福島の人びとは、どれくらいの被曝を受けているのでしょうか？

下のグラフは、２０１６年時点での福島で暮らす人々の年間被曝線量を、ヨーロッパの８つの国の人びとの自然放射線被曝線量と比較して示したものです。右端には、当時の東京電力福島第1原発労働者の被曝線量も示しました。

福島で生活する人々の被曝線量は、「ミニドース」という小型線量計（電子式パーソナル線量計、RAE Systems製）を貸し出して1カ月間ずっと装着したまま暮らしてもらって測定したもので、かなり信頼性のある数値です。グラフを見れば分かるとおり、同じ福島に住

福島の人々の被ばくとヨーロッパ諸国の自然放射線被曝（2016年現在）

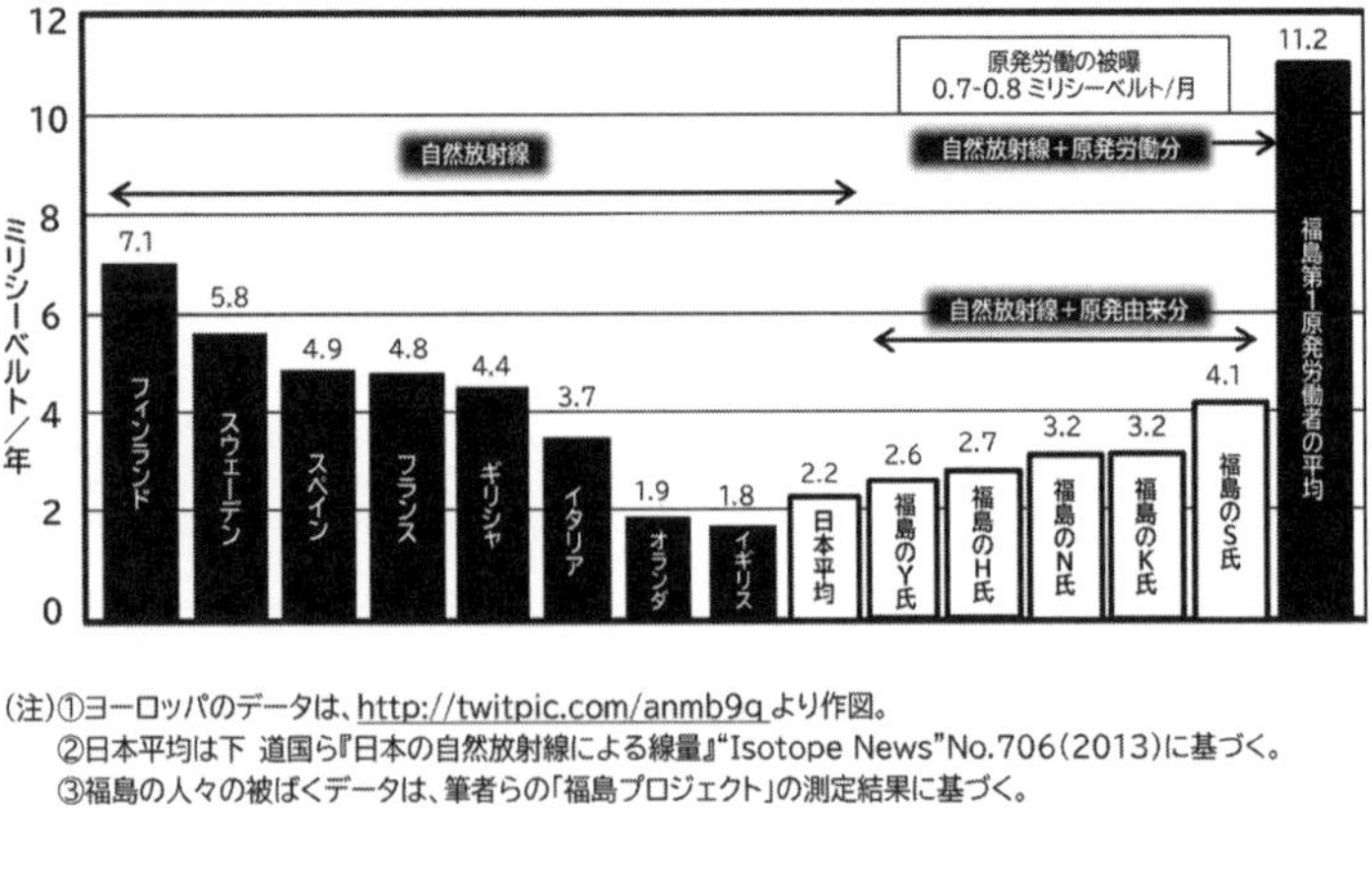

(注)①ヨーロッパのデータは、http://twitpic.com/anmb9q より作図。
②日本平均は下 道国ら『日本の自然放射線による線量』“Isotope News”No.706（2013）に基づく。
③福島の人々の被ばくデータは、筆者らの「福島プロジェクト」の測定結果に基づく。

んでいても、人々によって被曝線量には差があります。一番多く被曝していたSさんは福島市内の山で山菜をとり、それを加工して商品として販売する仕事をしていました。原発から流れてきた放射能雲（プルーム）は福島市にあるいくつかの山に引っかかり、汚染を残しました。汚染した山肌を削るといっても重機も入れないので、山の除染は基本的には不可能です。セシウム137の放射能が100年で10分の1に減るペースで減少するのを待たなければなりません。

それでも、福島の人びとの被曝は、左側の棒グラフに示されているヨーロッパの国々の自然放射線被曝に比べてとくに高い訳ではなく、むしろ低い程度です。

なぜ、ヨーロッパの国々の自然放射線は高いのでしょうか？

理由は自然放射性物質ラドンの空気中の濃度が日本よりもずっと高いせいです。ラドンは地殻に含まれるウランやトリウム等の自然放射性物質から生まれる放射性ガスで、それらの濃度はヨーロッパの国々では高く、日本では相対的に低いために空気中のラドンの吸入による内部被曝に大きな差が出るのです。ラドン・ガスに起因する被曝量は、ドイツで年間約2ミリシーベルト、フランスで約3ミリシーベルト、日本では約0・3ミリシーベルトという具合です。2020年1月、私がジェネラル・コーディネータを務めていた「平和のための博物館国際ネットワーク」(INMP）のスウェーデンのM理事から、「私が館長を務める平和博物館（ウプサラ・ピース・ハウス）のオフィスの空気中ラドン濃度が2000ベクレル／㎥に達しているため使えなくなった」旨のメールが来ました。日本の空気中ラドン濃度は15～17ベクレル／㎥程度ですから、いかに高いかが分かります。人間の細胞には、自分を傷つけた放射線が自然界から来たのか人工物から来たのかを区別するセンサーなどありませんので、自然放射線と言わず人工放射線と言わず、被曝は少ないに越したことはありません。放射線被曝の観点からは、福島の被曝を考える場合にも、原発事故に起因する放射線の問題に加えて、医療上の放射線についても考えたいものです。

◆原発視察記

私はかねて福島第1原発の状況をこの目で見たいと思っていましたが、安斎科学・平和事務所として申し入れた視察要請は許可されませんでした。東電は、一件でも任意団体の視察を受け入れると他のすべての任意団体の要請に応えなければならなくなるので、不許可処分にしたのでしょう。

そのような状況の中で、早川篤雄宝鏡寺住職から、「日本共産党福島県議会議員団が視察を計画しており、それに随行する形で参加できる可能性があるが、参加意思があるか」との打診がありました。私は、協力関係にある舘野淳さん（核・エネルギー問題情報センター事務局長）、野口邦和さん（日本大学歯学部准教授）、桂川秀嗣さん（東邦大学名誉教授）にも声をかけ、2016年6月9日に視察の機会を得ました。

視察当日、Jビレッジセンターハウスで参加者の「本人確認手続き」および「一時立入者カー

ド の貸与手続き」が行なわれた後、東京電力ホールディングス関係者が事故の概要と対応について説明しました。その後、バスで福島第1原発新事務棟に移動しましたが、その途上、除染廃棄物の仮置き場、中間貯蔵施設、楢葉町への帰還、田畑の利用状況、6号線沿いの空間放射線量率などについて説明がありました。

原発サイトでの視察は、以下のスケジュールに沿って行なわれました。

新事務棟前移動用バス下車、入退域管理棟、大型休憩所へ移動

ホール・ボディ・カウンター（WBC）で体内汚染の有無を検査後、食堂・コンビニを視察

移動用装備（綿手袋、靴カバー）を装着、アラーム付ポケット線量計（APD）の貸与

原発構内用バスで、入退域管理棟から免震重要棟へ移動

免震重要棟（緊急時対策室）視察

第1原発所長挨拶を受け、防護装備を装着（下着、ゴム手袋〈2重〉、靴下〈2重〉、キャップ、防護服、防護マスク）

原発構内用バスで敷地内を視察（途中、多核種除去設備〈ALPS〉内で約20分間の説明）

身体サーベイ、防護服脱衣

移動用装備着衣（綿手袋、靴カバー）

原発構内用バスで、免震重要棟から入退域管理棟へ移動

移動用装備脱衣、汚染検査、ポケット線量計返却（被曝線量確認）、一時立入者カード返却

入退域管理棟から徒歩で大型休憩所に移動
ホール・ボディ・カウンター（WBC）検査
徒歩で、大型休憩所→入退域管理棟→新事務棟前に移動
原発移動用バスで新事務棟前からJビレッジに移動（バス内で若干の質疑応答）
Jビレッジ会議室で副社長の挨拶および質疑応答
視察終了

視察について私がもった問題意識を、以下4点について説明します。

視察で感じた〈**第一の問題**〉は、事故原発の現場では「非日常の日常化」が起きていることです。私の京都の事務所の放射線レベルは0・04～0・07マイクロシーベルト／時程度ですが、福島第1原発構内のモニタリング・ポストではその10倍～20倍が常態化しており、私たちの視察時間中の事務本館南側の仮設モニタリング・ポストは一貫して17マイクロシーベルト／時（私の事務所の200～400倍のレベル）を示していました。

福島第1原発では空間線量率や被曝線量の単位として「マイクロシーベルト」ではなく、その1000倍の「ミリシーベルト」が常用されていることも、福島県下で暮らす人々が「マイクロシーベルト」単位で日々の放射線環境を見立てているのとは感覚的に異なるものでした。

視察団の大半にとって、下着もろとも着替え、防護服を着、綿やゴムの手袋を二重にはめ、ビ

ニール袋を被せた専用靴をはき、防護マスクを身に着けて現場を見て回る体験は極めて「非日常的な体験」だったに違いありませんが、東電側のガイド・チームにとっては、こうしたことは「日常」であり、非常に効率的に、一分の狂いもないスケジュール管理のもとで進められました。しかし、視察する方もそれに対応する方も、人生の1日の過ごし方としては、本来は別の過ごし方があったでしょう。すべては、未曾有の原発災害ゆえに余儀なくされていることであり、「非日常が日常化している」状況に慣らされることなく、なぜこのような事態に陥ったのかが問われ続けなければならないと痛感しました。このような「非日常的事態に日常的に対処」している中で、「非日常を生み出した根本原因」に目を向けることを忘れることは最も危険なことと言わなければなりません。

〈第二の問題〉は、視察当日に問題とされた「チリ地震級の津波が来たらもたない」という住民からの指摘に対する東京電力の態度の問題です。当日の質疑で早川篤雄氏や柳町秀一氏が取り上げたように、実は、福島原発事故の6年前の２００５年、「１９６０年のチリ地震津波級の津波が押し寄せれば福島第1原発は危機に陥る」との共通認識が東京電力と住民組織の間にあったのです。住民組織が文書で申し入れたにもかかわらず、早川氏らが２０１１年3月11日の事故後に東電経営陣にその事実を突きつけたところ、「初めて見る文書であり、知らない」という回答でした。驚くべきことです。

視察当日、防潮堤の補強工事に関わって、「想定している12メートルの津波に対して、14・2メートルの防潮堤を築きつつあるが、それが機能しなかった場合のために建物の水密性を高め、作業員の教育・訓練の改善に取り組んでいる」などの説明がありましたが、福島原発事故の教訓の一つは「想定外のことが起こり得る」ということであり、災害科学や防災技術の力量を過信することなく、その時々に住民や科学者が提起する問題に誠実に向き合わない限り、いくら数字をセンチメートル単位で刻んで「安全確保のための多重防護」を説かれても、信頼は得られないと感じました。私が当日東電側に求めたのは、住民や科学者に対するウソのない誠実な対応に外なりません。

〈第三の問題〉は、原発作業員の被曝の問題です。私は「福島プロジェクト」に取り組み、毎月福島県下各地を訪れて放射線環境を見立てて、被曝のリスクを極小化

チリ地震―広島原爆178,000発相当のエネルギー

1960月 23 日、南米チリ中部のビオビオ州からアイセン州北部にかけての近海、長さ約 1,000km・幅 200km の領域を震源域として発生したマグニチュード 9.5 の超巨大地震。バルディビア地震とも呼ばれる。地震後、環太平洋全域に津波が襲来し、日本でも死者行方不明 142 人など大きな被害が発生した。

地震のエネルギーを E(ジュール)、マグニチュードを M とするとき、両者の間には次の関係がある。

$$E=10^{4.8+1.5M}$$

東北地方太平洋沖地震の場合は M=9.0 だったので、$E=10^{4.8+1.5\times9.0}=10^{18.3}=2\times10^{18}$(ジュール)

チリ大地震の場合は M=9.5 だったので、$E=10^{4.8+1.5\times9.5}=10^{19.05}=1.12\times10^{19}$(ジュール)

広島原爆の爆発力は 15 キロトンで、ジュールに換算すると6.3×10^{13}(ジュール)だから、

東北地方太平洋沖地震は、広島原爆に換算すると、$(2\times10^{18})\div(6.3\times10^{13})=32,000$発分

チリ地震は、$(1.12\times10^{19})\div(6.3\times10^{13})=1.78\times10^{5}=178,000$発分

地震エネルギーのすさまじさが分かる。

するための実践的な提言を行なってきました。住民が排除されている「帰還困難区域」の放射線環境は、いまなお、場所によっては年間20ミリシーベルトを超える可能性のある深刻な汚染状況を示していますが、現に避難先や都市部などで生活している人々の被曝を実測してみた範囲では、山に入る頻度などの生活様式によって違いますが、外部被曝・内部被曝を含めて自然放射線レベル（平均2・2ミリシーベルト／年）〜5ミリシーベルト／年の範囲に収まっているように思われます。

しかし、放射線被曝の点では、何といっても、福島第1原発で働く労働者の被曝が最も懸念される問題です。破局的な原発事故という「非日常的事態」の後始末のために日常的に被曝作業に従事している労働者の被曝は適正に把握され、管理され、被曝低減への努力が持続的に図られることが大切です。それは、現に働いている労働者の健康を社会的監視のもとで守るためであるとともに、社会全体として必要な廃炉労働力を安全裡に確保していくためでもあり、将来、福島第1原発での労働との因果関係性が問われるような健康上の問題が生じた場合に、電力企業による一方的な被曝情報の解釈によって労働者が不利な立場に置かれることを被曝情報の社会的共有化によって防ぐためでもあります。東京電力が「隠すな、ウソつくな、過小評価するな」の原則に基づいて労働者の被曝実態と誠実に向き合い、労働環境の改善を現場レベルで推進するためには、被曝実態に関する情報が開示され、適正な安全管理がなされているかどうかについて社会的監視機能が働くことが重要です。

下のグラフは、事故から3年目までの労働者の被曝実態（各年齢層の最大値と平均値）および月別被曝線量（平均値）の推移を示したものですが、この間、最大では「緊急時の被曝線量限度（250ミリシーベルト）」を超えて被曝する作業員が出る一方、全体としては平均1ミリシーベルト／月を下回る程度のレベルに減少しています。しかし、廃炉作業はまだ始まってもいません。2021年に溶融核燃料の取り出しを始めて30〜40年間で廃炉作業を終了するとしていますが、科学的

2011年3月11日〜2014年12月31日の被曝線量（各年齢層の最大値）

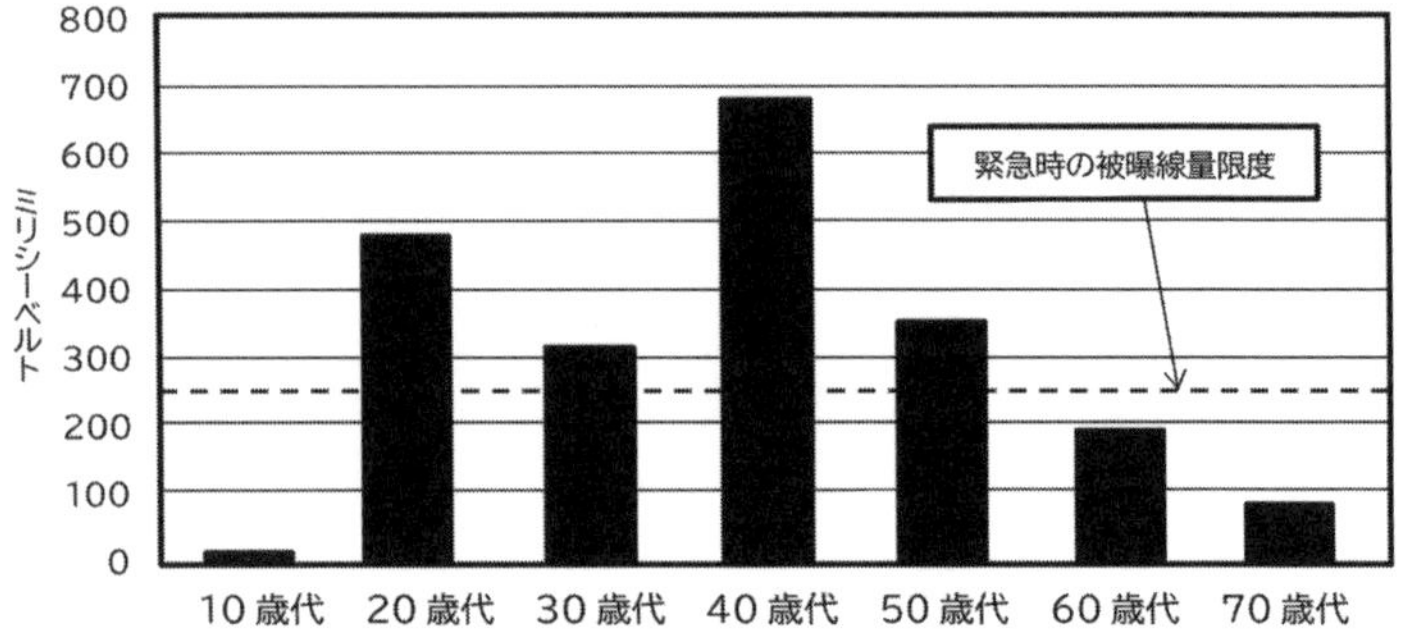

2011年3月11日〜2014年12月31日の被曝線量（各年齢層の平均値）

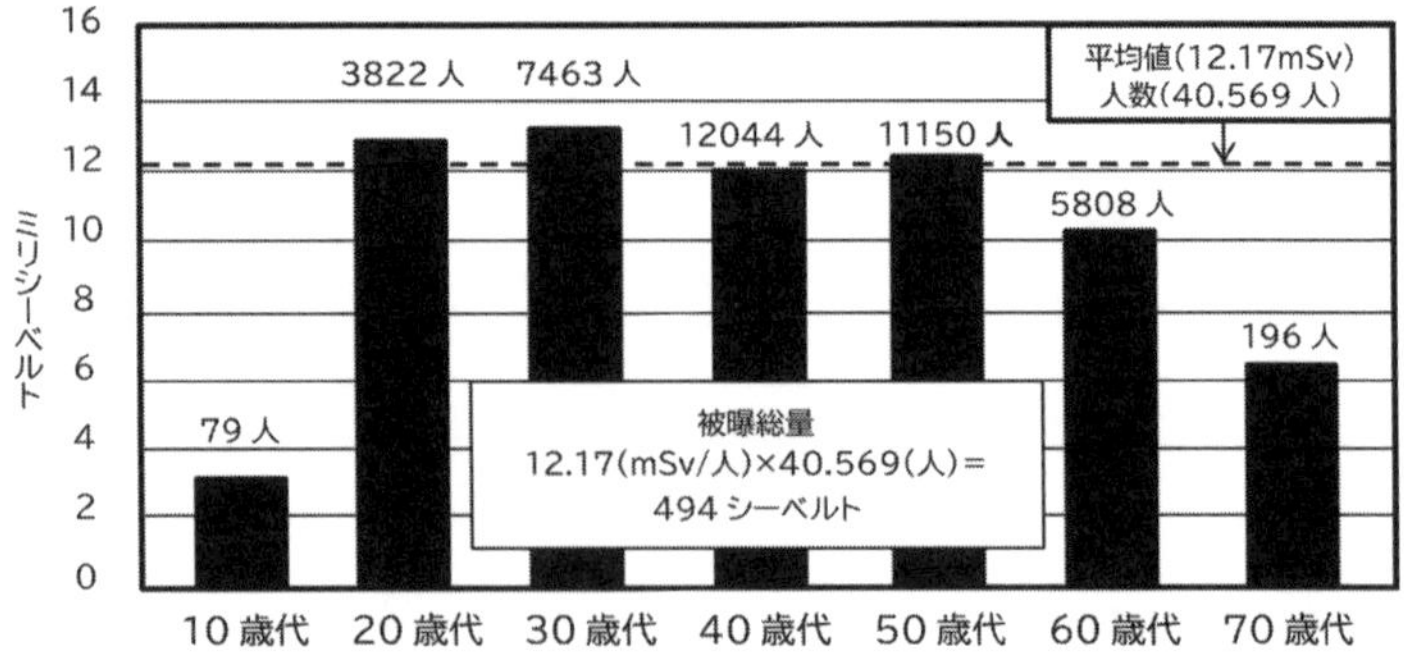

な確かな根拠はありません。

１９７９年3月28日、アメリカ北東部のペンシルバニア州にあるスリーマイル島原発で、世界初の「メルトダウン」事故が発生しました。政府と電力会社は溶融核燃料と原子炉構造物が溶けてまじりあった「燃料デブリ」の取り出しに取り組み、事故の6年後から5年かかって全体の99％にあたる１３０トン余りの「燃料デブリ」を取り出しました。しかし、原子炉本体や原発建屋は事故から40年たった今も残されており、「廃炉」の見通しは定かではありません。

しかも、福島第1原発では3基の原子炉の燃料が「メルトダウン」どころか原子炉容器の底を突き破って「メルトスルー」し、「燃料デブリ」は格納容器にまで広がりました。その量はスリーマイル原発の6倍以上のおよそ８８０トンとも推定されています。スリーマイル原発では原子炉容器に水をためて上部から取り出すことができましたが、福島原発では原子炉容器は破損されているため水をためてその遮蔽効果を利用することもできず、極めて困難な作業を強いられます。

取り出したデブリの保管、処理、最終処分や、原子炉や建屋の撤去まで考えると、その見通しは40年どころか、世紀単位で考えなければならないとも思われます。当然、大量の労働力が投入され、労働者全体の被曝も私たちが視察した２０１6年段階どころではない大きな量になるでしょう。この集団に将来放射線起因性が疑われる影響が出た場合、労働者が泣き寝入りを迫られるようなことがないように、被曝情報が正確に記録されて公的機関によって管理され、企業の私的記録としてではなく、社会的記録として保全されることが必須であると思います。

〈**第四の問題**〉は、その後も福島第1原発から日々放出され続けているセシウム137などの放射能の評価についてです。事故を起こした原子炉施設は今でも膨大な放射能汚染を内蔵しているので、換気などを通じて敷地からは毎日放射能が放出されます。私は、現時点での放出量が、事故時に比べて桁違いに小さいことは承知していますが、多くの福島県民は、今も大量の放射能が放出されているのではないかという懸念を抱いており、日々の福島第1原発サイトからの放射能放出量を科学的根拠をもったものとして把握することは、私にとっても重要な情報の一つです。

原発サイトからの放射能放出については「原子炉建屋からの追加的放出量」として随時公表されており、例えば2016年1月の資料は下図の通りです（東京電力の作図に縦軸の目盛などを見やすく付け加えました）。

放出量の内訳は各建屋で行なわれた作業内容によって

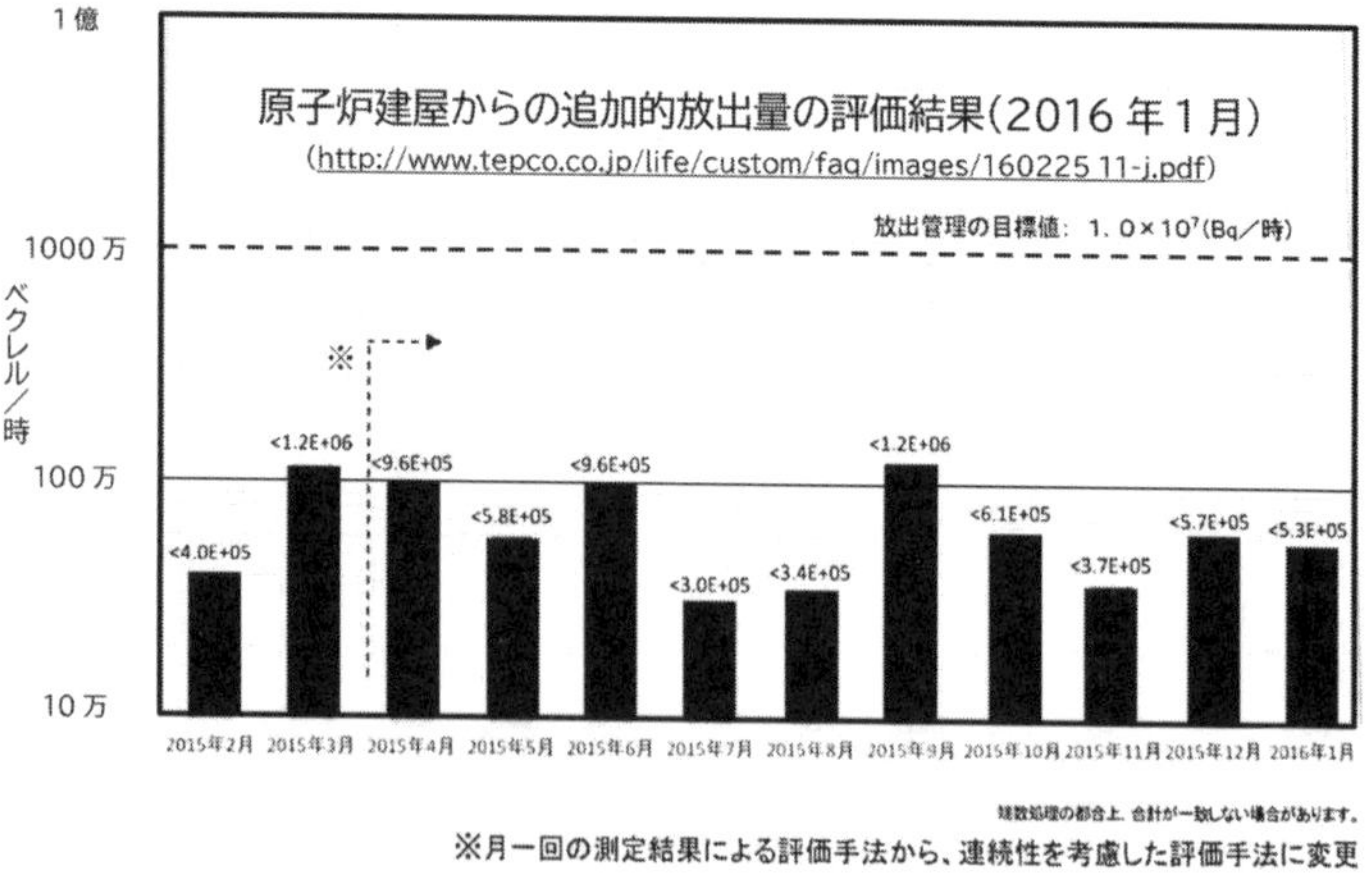

端数処理の都合上、合計が一致しない場合があります。
※月一回の測定結果による評価手法から、連続性を考慮した評価手法に変更

異なりますが、2016年当時は「毎時50万ベクレル」前後の放出量（年間では40億ベクレル程度）と報告されており、管理目標値（1000万ベクレル／時、右のグラフの破線）を下回っているとされています。

例えば、2016年1月の放出量見積もりは55万ベクレル／時で、これによる敷地境界での放射能濃度は、セシウム137が1㎥あたり0・0012ベクレルと見積もられています。今中哲二さん（京都大学原子炉実験所、当時）の「飯舘村放射能汚染状況調査（2013年3月）の報告」（2013年4月7日付）によると、飯舘村の「いいたてファーム」でのセシウム137の空気中濃度は、2013年3月16日21時30分で0・0007（ベクレル／㎥）、3月17日8時00分で0・0016（ベクレル／㎥）、3月17日20時00分で0・0008（ベクレル／㎥）などと報告されていますが、東京電力によって公表されたデータは、2016年1月時点での原発敷地境界でのセシウム137濃度は、それらよりもかなり低い水準に下がっていると見積もられています。

その後も時とともに放出量は減少し、2019年12月時点での放出量は2万8000ベクレル／時未満で、敷地境界でのセシウム137濃度は1㎥あたり0・000068（ベクレル／㎥）だったと報告されていますが、こうした測定や評価は事故当事者にしかできないことであり、公表されたデータが信頼されるためには、東京電力が今後とも住民や科学者の求めに応じて必要な情報を開示し、疑問に対して誠実に対応する姿勢が求められます。

❺2017年

◆忌憚のない意見交換の場

2017年当時、私は、福島での調査活動と並行して、今後いやおうなく選択を迫られる廃炉や廃棄物処分場など原発事故関連の重大な問題について、課題を洗い出すための忌憚のない学習と意見交換の場をもちたいと感じていました。これは「福島プロジェクト」としての活動というよりは、「難しい問題だからといって避けて通りたくない」という私・安斎個人のかなり強い課題意識によるものです。

2017年5月調査から1年余りにわたって意見交換を進めましたが、その間、齋藤紀さん（福島市わたり市民病院、医師、2017年11月14日）、舘野淳さん（中央大学名誉教授、原子力工学、2018年2月8日）、本島勲さん（元電力中央研究所、岩盤地下水工学、2018年5月11日）、立石雅昭さん（新潟大学名誉教授、地震学、2018年6月26日）の4人の専門家を招いて学習する機会も持ちました。

以下、❶廃炉のプロセスについて、❷除染廃棄物の「中間貯蔵施設」について、❸町村合併の可能性について、❹子どもの甲状腺がんについて、❺巨大地震と津波のリスクについて、概要を紹介します。

❶廃炉のプロセスについて

2018年2月8日、舘野さんを招いた学習会の論議を中心に、認識を共有する努力を払いました。

福島第1原発の事故炉は沸騰水型軽水炉で、加圧水軽水炉とは違って原子炉圧力容器下方に制御棒駆動機構（ガイドチューブ）などの貫通部が多数あり、溶融した核燃料が原子炉構造物を溶かし込みながらこれらを通して大量に格納容器の底部に滴り落ちたと見られています。高温の溶融核燃料は格納容器の底のコンクリートと反応し、これまで経験のない複雑な混合物を形成している模様で、その素性を確認するのにはなお時間を要するだけでなく、1979年に起きたアメリカのスリーマイル原発での核燃料溶融事故（原子炉容器は溶けずに密閉性を保った）の時のように、原子炉容器に水を張って廃炉作業を行なうこともできず、事故から7年たった2018年段階でも今後の技術的見通しがつけにくい非常に深刻な状況にあります。

今後40年で廃炉作業を終えるといった「見通し」が語られますが、それは根拠のない「主観的願望」とも言うべきもので、この難局に取り組んでいる東京電力をはじめとする技術陣にも、廃炉完了に至る根拠のあるロードマップは見えていないのが現実です。水を張って放射線を防ぎながら溶融核燃料の取り出しを進めることができないと、廃炉作業員の放射線被曝の増大が懸念されますが、スリーマイル原発が１９８０年までの10年間のデブリ取り出し作業全体を通じて浴びた線量が「53人・シーベルト」だったのに対して、福島原発事故の場合には、本格的な廃炉作業がまだ始まっていないうちにすでに「１０００人・シーベルト」をこえる被曝がもたらされています。メルト・スルー（溶融貫通）を起こした原発の後始末の深刻さに直面しています。

❷いわゆる除染廃棄物の「中間貯蔵施設」について

除染廃棄物の「中間貯蔵施設」については、放射性物質処分の2つの方法（集中管理方式か、分散方式か）を考えるとき、地元では評判が悪いけれども「福島県内集中管理方式」も含めて、さらに突き詰めた検討が必要だと考えられます。おそらく、福島の原発事故の結果として発生した除染廃棄物を他県が快く引き受けるという展望は見通しにくいでしょう。沖縄の米軍基地問題に例をとるまでもなく、「沖縄は大変だ」と頭では理解していても、「ではわが県で引き受けましょう」ということにはならない現実があり、普天間基地についても同一県内の辺野古への移設という問題で中央政府と地方自治体が鋭く対立するような深刻な事態が起こっています。福島の中間廃棄物処分場について、「30年経ったら県外に移設する」という願望を述べたところで、セシウム１３７の半減期（30年）分しか経っていない時点で、他県が県民の納得を得て快く福島で発生した放射性廃棄物を全面的に引き取るような見通しは全くついておらず、加えて、現在進行中の廃棄物処分場に保管した膨大な量の廃棄物を改めて他県に移設することの困難性を考えると、財政問題も含めてますますもって他県への移設措置の実現可能性が困難に思えます。

こうした事情を考えるとき、極めて不本意であっても、事故原発直近の大熊町・双葉町に半永久的貯蔵施設づくりを進めることの方が現実的であり、安全確保上も好ましいのではないかという見解も根強くあります。しかし、このことは福島県民、大熊・双葉町民にとっては俄かには受け容れ難い考え方であり、「どこか他所へ持ち去って、きれいさっぱりに原状復帰して欲しい」という気分は抜き難くあるに相違ありません。心情的には理解できますが、果たしてそれが現実に可能なのか、そうした移設措置が安全確保や財政的条件に照らして最良の方法なのかについて冷静に検討する必要がありますが、この問題は一種の「タブー性」を帯びており、「被災地を犠牲にする気か？」といった反応が直ちに帰ってくるでしょう。「タブー」を設けない私たちの意見交換会では、この問題も引き続き論議を深めたいと考えています。

❸「町村合併」の可能性について

自治体運営の財政面では明らかに双葉郡レベルでの「町村連携」を強力に進めることが必要だとしても、さらに「町村合併」が必要だとすればその理由は何かについてもつっ込んだ検討を行なうことが必要です。

事故から10年経った現段階でも、思ったペースで帰還者数が伸びない以上、住民税・固定資産税・法人税などどれをとっても見込まれる税収は少なく、住民のニーズに寄り添った自治体経営そのものが困難に直面し、帰還住民に提供する社会的サービスも質量ともに低下する危険があることは目に見えています。したがって、関連地域が密接に連携して施策に取り組むことは当然期待されることですが、それを一歩進めて「町村合併」となると、どのような理由ないし条件が必要なのでしょうか?「町村連携」でできないことが、「町村合併」でできるとすれば、それは何でしょうか?

一般に、町村合併のメリットとしては、①住民生活の利便性の向上、②施設の効果的配置など行政サービスの広域化と行財政の効率化、③地域のイメージアップおよび地域づくりの契機、④権限の拡大と行政能力の向上、⑤大型事業の実現、などが示唆されていますが、一方、デメリットとして、①人口集中地域への偏りによる末端地域の寂れと(祭りなどの)地域文化継承の困難化、②町村行政と地域住民との距離の拡大による民主主義の劣化、③行政サービス密度の低下、④住民や事業所の負担の増大、などが挙げられています。

私たちも引き続きしっかりと検討したいと思います。

❹子どもの甲状腺がんについて

福島県下で見られる小児の甲状腺異常については、科学的知見の到達点を踏まえてさらに調査・研究を進めることが不可欠ですが、その際、専門家が「隠すな、ウソつくな、過小・過大評価するな」の原則に基づいて予断に陥ったり、科学外的な圧力を受けることなく、公正な論議を行なうことが重要です。時に感情的対立を引き起こし、原発世論の分断をも招きかねない「原因論争」の次元に留まることなく、子どもたちの命を育むことを主眼として、継続的な健康診断体制、医療体制、支援体制を構築・充実させることが重要であるという認識についてさらに深めることが必要です。

講師にお招きした斎藤紀医師によれば、①現時点で「福島で小児甲状腺がんが多発している」と判断することは医学的に困難である。②これまでの検査は有用であり、放射線被曝によってがんが発生・生長・進展し、宿主を倒すに至る過程の解明に役立つものと見られる。③不安を理由に調査を中止することは不安の解消にならない。チェルノブイリの先例からしても放射線甲状腺がんの潜伏期は4〜7年程度と考えられ、観察を継続する必要がある。④福島の子どもの甲状腺乳頭状腺がんの場合も、その予後は良好であることを理解することが重要である。⑤一人一人の自己決定権を十分に尊重することが期待される、ということでした。

子どもの甲状腺がんについては、私は、「スクリーニング効果」（無自覚のがんを前倒しで見つける効果）や「過剰診断」（放置しても死亡原因にならないがんをがんと診断する効果）などで片づけることなく、専門家がいかなる予断や圧力をも排し、「隠すな、ウソつくな、過小・過大評価するな」の原則を踏まえて公正な議論を進め、適正な医療措置を講じることが何よりも大切だと考えています。

甲状腺被曝の原因となった「ヨウ素131」という放射性物質は「半減期＝8日」と短いため、

甲状腺の被曝は事故後2～3カ月で終わっています。現在の福島の環境にヨウ素131は一かけらもありませんから、いま福島に住んでいても追加の甲状腺被曝を受ける危険がある訳ではありません。しかし、事故直後を中心にすでに受けた被曝によって子どもたちが甲状腺機能異常を蒙っていないかどうか、無償検診の保障により随時検査し、生涯を通じてのリスクの極小化に努めることが求められると思います。

❺巨大地震と津波のリスクについて

講師としてお呼びした立石雅昭さんは詳細な資料に基づいて、これまでに経験された地震とそれに伴う津波について解説されました。

①チリ地震津波（1960年）：1960年5月23日、チリ南部で観測史上最大のマグニチュード9・5の超巨大地震が発生、これによる津波は平均時速750kmで太平洋を横断し、22時間半後の午前3時ごろに太平洋の真向かいに位置する日本列島沿岸に達しました。

②昭和三陸津波（1933年）：1933年3月3日、三陸沖でおきたマグニチュード8・3の地震による津波は、三陸町綾里で高さ23・0～28・7mに達し、死者・行方不明者は岩手県を中心に3064人に及びました。

③明治三陸津波（1896年）：1896年6月45日、三陸沖で起きたマグニチュード8・2～8・5の巨大地震に伴い、（東北地方太平洋沖地震前までの観測史上最高の）海抜38・2mを記録する

津波が発生し、甚大な被害を与えました。
④慶長地震津波（１６１１年）：１６１１年12月2日に青森・岩手・宮城を襲った地震に伴う津波で、地震による被害がほとんどなかったにもかかわらず、津波による被害が大きかったことから津波地震と推定されています。（※津波地震＝地震のマグニチュードの大きさに比して大きな津波が発生する地震）
⑤貞観津波（８６９年）：貞観地震は、平安時代前期の貞観11年5月26日（８６９年7月13日）に陸奥国東方沖（日本海溝付近）の海底を震源域として発生したマグニチュード8・3以上と推定される巨大地震で、津波による被害も甚大だったと考えられています。２０１１年の東北地方太平洋沖地震はこの地震の再来ではないかとも言われます。東日本大震災の大津波の前例と指摘される「貞観の大津波」について、東京電力は「福島県内の津波は4メートル未満」と推定する調査結果をまとめ、２０１１年5月22日に始まった日本地球惑星科学連合大会での発表を申し込んでいました。東電は、２００９年～10年にかけて、福島県内の5地点で貞観の大津波で運ばれた砂を調べ、「南相馬市で高さ3メートル地点には砂があったが、4メートル地点では見つからなかった」として、津波が海岸に駆け上がった高さは「最大で4メートル未満」と結論づけていました。また、富岡町からいわき市にかけては津波で運ばれた砂は見つからず、「標高4～5メートルを超える津波はなかった可能性が高い」としています。貞観津波を過小評価しようとする傾向が透けて見え、独立した科学者による研究での検証が期待されます。

❻2018年

◆福島大学での講義

「福島プロジェクト」として調査・相談・学習活動に取り組む中で、福島大学（2018年6月27日）や桜の聖母短期大学（2018年7月6日）などで、講義を担当する機会がありました。

講義では、①放射能がたまりやすい5つの場所、②放射線被曝を減らす4つの方法、について説明しました。本書では、②についてはすでに説明しましたので、ここでは①について整理しておきます。

放射能がたまりやすいところ（ホットスポット）は、以下の5つです（下の図）。

(1) 屋根、雨樋、雨だれが落ちた庭先、雨水のたまり場（窪地）
(2) 傾斜地の下の裸地、砂地、草地
(3) もじゃもじゃ、けばけば、ざらざら、でこぼこしている場

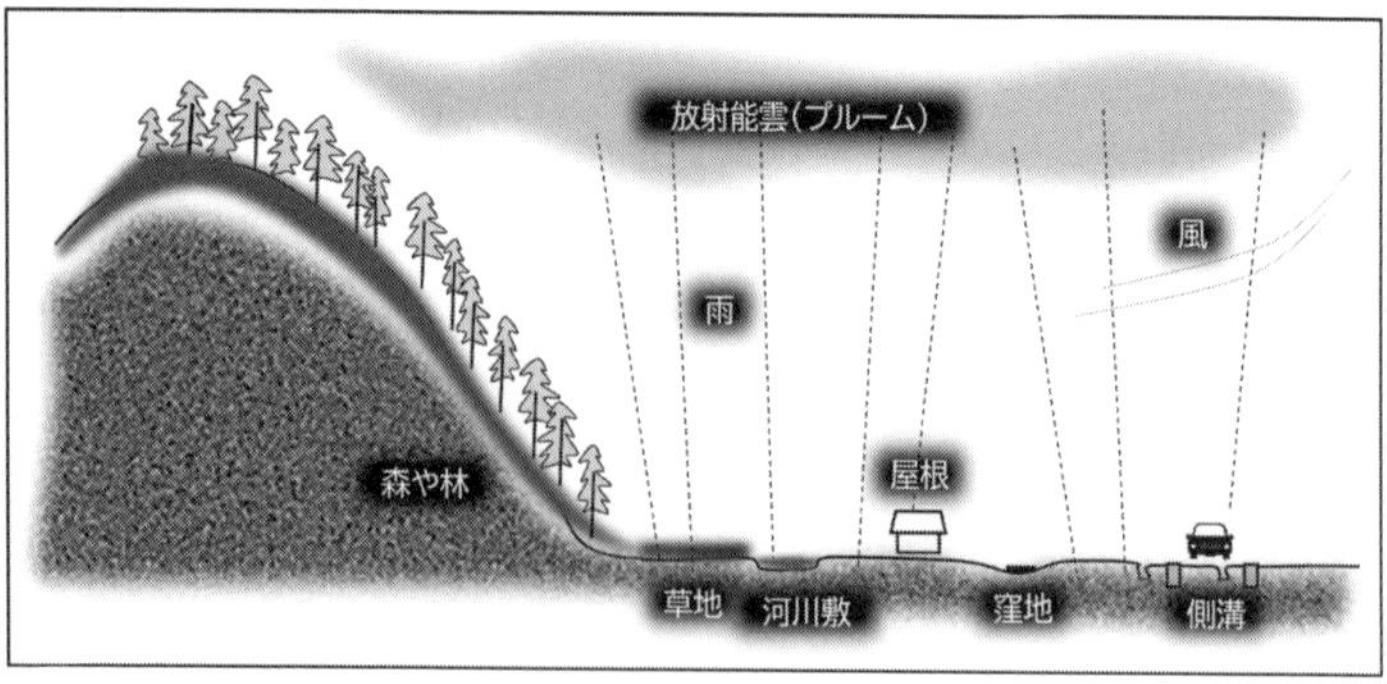

所

(4) 側溝（とくに水の流れの悪い側溝の底にはたまりやすい）

(5) 腐葉土で覆われた山肌

(1)屋根、雨樋の下の土、雨だれが落ちた庭先

福島第1原発事故では、事故発生から数日間のあいだにおきた水素爆発によって、けた外れの放射能が放出され、雨と風と地形に規定されて運ばれたものが圧倒的です。毎日原発から放射能が大量にもれ続けているわけではありません。

雨に当たった屋根は当然汚染されましたが、汚染雨水を集めた雨樋も汚染し、とりわけ、雨樋の末端が排水溝まで届かずに垂れ流し状態になっていたところでは、例外なくその周辺が強く汚染されました。原発から60㎞も離れた福島市内の住宅でも、雨どいの下の土が15万ベクレル／kgの高濃度で汚染していた事例もありました。軒先から雨だれが落ちた庭の土には、まわりよりも強い放射能が含まれて

垂れ流しの雨樋は汚染を広げた

います。当然、汚染雨水のたまり場（窪地）には強い汚染が起こりました。

⑵傾斜地の下の裸地、砂地、草地

雨水に含まれて風にのって運ばれてきた放射能は、「水は低きに流れる」と同じで、低い方へ低い方へと流れながら、草地や裸地や窪地にたまりました。傾斜地の下側の草むらや窪地や苔むした土地や舗装されていない土地などには「ホットスポット」が見られます。

汚染した雨水も低きに流れた

表面が粗い簡易舗装路には
除染後も放射能が残っていた

⑶ザラザラ、ケバケバ、モジャモジャ、デコボコしている場所

表面がザラザラ、ケバケバ、モジャモジャ、デコボコの場所は、たとえ除染した舗装道路でもかなりの汚染が残っています。

(4)側溝（とくに水の流れの悪い側溝）

市街地では道の両側にある側溝の上は、放射線のレベルが高いのが普通です。いつも水が流れている側溝はそれほどでもありませんが、傾斜がなく水が滞留しがちな側溝では、汚染水が流れ込んだ後、水だけが蒸発して強い汚染が残っていることがあります。とくに、鉄板やコンクリートの蓋のない側溝のまわりは、

蓋のない側溝は総じて汚染した

屋敷林は放射能を捕まえた

高い放射線レベルが観察されます。

⑸腐葉土で覆われた山肌

放射能雲をキャッチした山や木々は、当然、放射能で汚染されました。今でも、山林や防風林(屋敷林)などの汚染が随所に残っています。とくに、杉の葉のようなもじゃもじゃした葉には放射能が沢山付着し、それが数年で地上に落ちて腐葉土化し、放射能を含んだ土となりました。事故の年の汚染した落ち葉は、大雨や風に運ばれ、腐葉土化する過程で沢水や地下水の汚染を引き起こし、それが沼地や田を汚染させる原因の一つになりました。

❼2019年

◆エゴマ栽培のサポート

双葉郡浪江町は原発からの放射能雲(プルーム)がたなびいた方向に町域が伸びています。プルームがかからなかった海岸側のエリアは放射能汚染が低く、北西に向かうに従って放射能濃度が上がります。住民は街を離れ、町役場も二本松に移転を余儀なくされました。酪農家に飼われていた牛も、ずいぶん殺処分されました。

私が2011年4月16日、事故から5週間後に浪江を調査した時には、放射線のレベルは高いところで50～100マイクロシーベルト／時もあり、京都の私の家の自然放射線のレベルの1000～2000倍もありました。汚染の原因の大半は原発から放出されたセシウム134（半減期2065年）とセシウム137（半減期30年）で、時間経過とともにセシウム134は減って、長半減期のセシウム137の割合が大きくなっています。10分の1に減るのに100年かかる代物なので、手をこまぬいて「100年河清を待つ」という訳にはいきません。もしもこの地を再び人々が生活を営み、祭りができる地にしようと思うなら、覚悟を決めて計画的かつ大規模な除染計画を実施するしかありません。

しかし、幸い汚染の少なかった海側の地域では、エゴマの栽培が旺盛に取り組まれつつあります。私たちは、「福島プロジェクト」の桂川秀嗣さんつながりで農園を営むIさん、搾油業に取り組むMさんと出会い、畑や産品の放射能汚染のチェックや、生産されたエゴマ油を利用した商品づくりのサポートに取り組んでいます。

エゴマ栽培地域の畑は、表層15㎝ほどが削り取られて、同じ厚さの新しい土が被されました。誰でもここでエゴマを栽培した時に放射能汚染がどうなるかは心配でしたが、実際に土、根、茎、枝、葉、実を測定してみると、土にはいくらかの放射能が含まれていても、エゴマには検出限界以上の放射能は見つかりませんでした。

その理由の一つは、誠に「福島的」なのです。

セシウム原子はプラスの電気を帯びているので、セシウムがくっつき易いのは、土の中のマイナスの電気を帯びている部分です。

土の中でマイナスの電気を帯びているのは、①土の中に含まれる「有機物」の分子構造の末端部分か、②土の中に含まれる「粘土鉱物」がマイナスの電気を帯びている場所です。粘土鉱物というのは、粘土を構成する粒子状の鉱物のことで、ケイ素やアルミニウムなどの原子が並んで層状の構造になっており、層と層の間にカリウム原子やマグネシウム原子や水分子が挟み込まれています。実は、挟み込まれている原子や分子の種類によって鉱物の種類が決まります。

福島の土に放射性セシウムがくっつく「くっつき方」には3つあると言われています。

第1は、土の中の有機物の分子構造の端っこにある「反応性の高い原子団」(=官能基)にくっつく方法です。また、層構造を持たない土(例えばアロフェンとかイモゴライトなど)の場合には、それらの土が含んでいるマイナスの電荷にセシウムが引き付けられてくっつきます。しかし、これらの「くっつき方」はセシウムよりもカルシウムの方がくっつき易かったり、仮にセシウムがいったんくっついても離れ易かったりするため、福島の土がセシウムと強い親和性をもつことを説明できません。

第2は、スメクタイトのような「層構造をもつ土」の場合で、層と層の間にセシウムを引き付けるマイナスの電荷があって、プラスの電荷を帯びたセシウムを取り込む現象です。しかし、これまたセシウムよりもくっつき易いカリウムなどと競合関係にあるので、セシウムだけ選択的にくっつけるという訳にはいきません。

そこで大事なのが第3の「くっつき方」です。

それは、土に含まれる「雲母類の鉱石物質」や「バーミキュライト」や「イライト」と呼ばれる層状物質で、図に見るように時間とともに風化して末端部が開き、その開いた末端部にあるマイナスの電荷がセシウムを引き付け、しかも層の中に取り込んで離さなくなるという「くっつき方」です。セシウムのプラス電荷が接着剤の役目を果たします。

このような開いた末端部は「フレイド・エッジ・サイト（FES, Frayed Edge Site)」と呼ばれますが、frayed（フレイド）というのは「ボロボロになった」とか「ほつれた」とか「すり切れた」という意味です。

放射性セシウム原子が土壌中で特別に吸着され易い現象を考える上で、この「層状物質末端のほつれた部分にあるマイナス電荷」こそが、セシウムを引き付ける最も重要な原因であると考えられていますが、特徴的なことは、開いた端っこにくっついたセシウム原子が層の奥の方に移動して、二度と出られなくなる現象が起こることです。しかも「くっつき易さ」

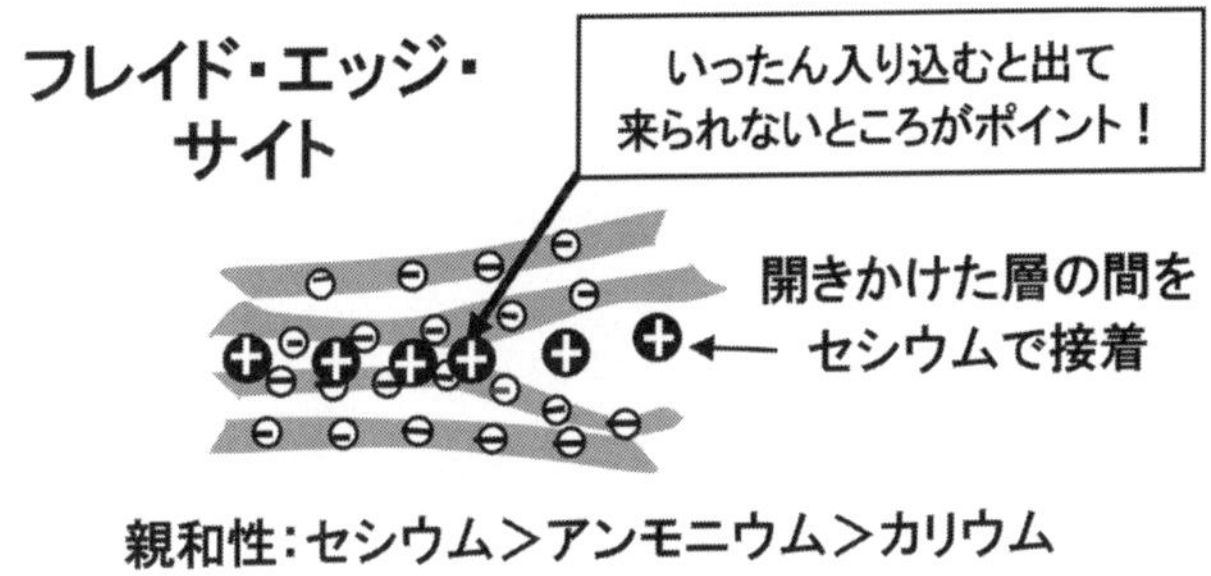
フレイド・エッジ・サイト
いったん入り込むと出て来られないところがポイント！
開きかけた層の間をセシウムで接着
親和性：セシウム＞アンモニウム＞カリウム

は、アンモニウム・イオンやカリウム・イオンよりもセシウム・イオンの方が圧倒的に強いのです。

フレイド・エッジ・サイトは福島の土壌中の放射性セシウムの原子数の10億倍〜1兆倍もあって、セシウム137にとっては十分すぎる程フレイド・エッジ・サイトがあることになります。これはとても「幸いにして、有難いこと」です。あるエッセイで私は「福島の土はえらいなあ！」と書きました。

福島の土が放射性セシウムを特別に吸着しやすく、そのため、土にいくらか放射能が残っていてもしっかりと土につかまってしまっているため、そこで栽培される作物には移行して来ない原理は分かってきました。

みなさんは「土にはいくらか放射能があるが、作物にはありません」と言われた時、「それでもやっぱり気持ち悪い」と感じて忌避しますか？　それとも、「ああ、それなら作物を食べることには問題はありませんね」と感じて受容しますか？

大切な幼児期を二本松で過ごし、こよなく福島を愛している科学者である（と自認している）私は断然「後者」ですが、みなさんはどうでしょうか？

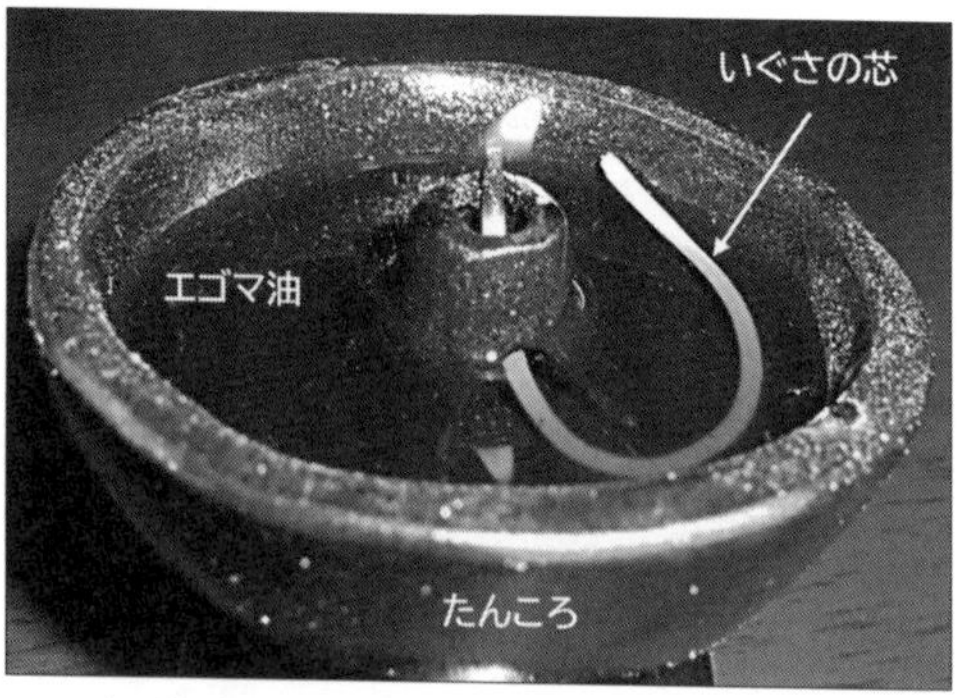

エゴマ油の燈明は安定した炎で、なかなか優れものだ

私たちは今、エゴマ油を利用した製品開発にも協力しつつあります。健康に良い食品としてのエゴマの利用はすでに試みられ、エゴマオイル、エゴマドレッシング、エゴマ辣油などいくつもの製品が販売・普及されていますが、灯りとりや熱源としてのエゴマ油の使い方については開発の余地があります。そのうち、エゴマ燈明、エゴマ・ハロウィン・ランタン、災害時やアウトドア活動用の光源や熱源としてのエゴマ製品が開発されたら、是非ご利用下さい。

❽2020年

◆郡山のビッグ・パレット周辺の放射線調査

2020年3月28日〜30日、新型コロナウイルス感染症蔓延の予兆の中で、私たちは第70回目の福島プロジェクト調査に取り組みました。

調査2日目は郡山のビッグ・パレット福島という、2020年夏に大きな保育関係者の全国集会の開催が予定されていた場所の放射線環境調査で、全国に開催予告をしたところ、「子どもを連れて行っても大丈夫でしょうか？」といっ

開成山大神宮周辺の雪道を調査中（2020年3月28日）

た問い合わせが他県の母親たちから寄せられたということでした。いまだに「福島で開催する集会」というと、こういう心配が払拭できないでいます。

この日はあいにくの春の降雪に見舞われましたが、私たちは主会場であるビッグ・パレット福島周辺や分科会が開催されるK女子大学周辺の放射線環境を測定しました。

結果はもちろん何の問題もなく、「放射線防護学的に郡山市の集会に（子ども連れで）参加することに何の問題もない」という結論でしたが、やはり「放射線」と聞くと過剰な心配をしがちであることはよく分かります。私たちはこれまで何度も郡山の放射線調査を行なっているので、測定する前から「大丈夫である」ことを確信していましたが、懸念を抱いた人々から見れば、「信頼できる筋が実際に現場で調べた実態に基づいて判断して欲しい」と願うので、私たちはきちんと測って報告するという任務を果たしました。

ところが、当時K女子大学といえば、その時点で県内に2人しかいなかった新型コロナウイルス感染者の二人目が出た機関として話題になっていました。春休みに（大学に無断で）エジプト旅行に行った70歳代の教員がコロナウイルスを連れて帰り、それが原因で大学が騒動に巻き込まれてしまいました。

しかも、もっと恐ろしいことに、K大学付属高等学校の生徒が制服を着て通学すると「コロナ、コロナ」と指弾され、学園側が生徒に「制服は着ないように」お触れを出す事態になったというのです。

当時私は、世界の平和博物館のネットワークである“International Network of Museums for Peace (INMP)”（平和のための博物館国際ネットワーク）という団体のジェネラル・コーディネータ（代表）で、２０２０年9月に京都で第10回国際平和博物館会議を開催する責任者として困難な判断を迫られていました。新型コロナウイルス感染拡大の状況下で、会議を中止または延期しなければならないかもしれないという大きな懸念を抱いていました。

人の命が第一に大事であることは当然ですので、海外からの参加を停止することも考えましたが、２０２０年は単に第2次世界大戦終結75年であるだけでなく、原爆被災75年であり、原爆投下後「75年草木も生えない」と言われたまさにその75年目の年であり、朝鮮戦争70年、ＮＰＴ（核不拡散条約）50年、ベトナム戦争終結45年、阪神淡路大震災やオウム真理教事件から25年、前広島市長の秋葉忠利氏が「2020Vision」（２０２０年核兵器廃絶構想）を主張したまさにその年―余りにも多くの「記念年」であるので、中止や延期はせずにこの年にこそ開催したいと強く思っていました。

さて、放射能と新型コロナウイルスとどちらが厄介でしょうか？

実は、新型コロナウイルスの方が厄介な面がいくつもあります。第1に、「人の体内で増殖する」ことです。放射能は汚染したからと言って体内で増殖するようなことは絶対にありません。第2に、「手軽に測定や分析ができない」ことです。放射能の方は発見から１２５年もたって、簡単に測定できる装置がそこそこの価格で売られ、福島の市民の間にも広く普及しています。しかし、新型コロナウイルスは目にも見えず、どこにあるかも分かりません。第3に、「短期間で死に至るリスクがある」ことです。最初の報道から1年余りの間に世界中で200万人近い人々が亡くなりました。放射能が原因でこんなに多くの命が失われたことはかつてありません。もちろん、広島・長崎で核兵器に被災した人々の生涯を通じての苦しみを知っていますので、「放射能は怖くない」などというつもりは毛頭ありませんが、すでに傘寿を迎えた私には、新型コロナウイルスもまたとても厄介な代物です。

しかし、放射能の方が厄介なこともあります。

それは、ウイルス騒動は数年で鎮静化する可能性がありますが、被曝の原因物質であるセシウム137の放射能は、「10分の1に減るのに100年かかる」という厄介さです。江戸時代が終わって150年余りですが、これから150年経っても汚染した福島の山々には放射能の痕跡が明瞭に残り、150年前に先祖が起こした不幸なでき事が語りつがれていることでしょう。

幸い、現在福島で生活していて浴びる放射線の量は、除染の効果やセシウム134の減衰のために顕著に減ってきました。現在、福島の人々が市民生活を通じて他の地域の人々に比べて際立って高い放射線被曝を受けているという事実は全くありません。私たちが自然界から受ける放射線の量は地域によってかなり違い、例えば1時間当たりの自然被曝線量は、東京では0・03〜0・08マイクロシーベルト、京都では0・05〜0・11マイクロシーベルト、山口では0・08〜0・12マイクロシーベルトという具合にかなり異なります。福島の日常生活圏での1時間当たりの放射線被曝は、総じて0・04〜0・13マイクロシーベルト程度で、市民が日常的に極端に高い放射線にさらされているなどという事実はありませんが、2011年の福島第1原発事故で放出された放射性物質が原因で、いまだに場所によっては毎時0・35〜0・45マイクロシーベルトといった相対的に高い放射線レベルの所（ホットスポット）もありますので、放射線環境をきちんと見立て、被曝を減らす努力を継続することが大切です。

私たち「福島プロジェクト・チーム」は、要請があれば無償で現地にうかがって環境放射線の測定を行ない、どのようにすれば被曝を減らすことができるかについて現実的な方法を提案するボランティア活動を続けています。

新型コロナウイルスは分からないことだらけで、死者の数も日に日に増加しています。ウイルスも放射線も「目に見えない」厄介者ですが、放射線の方は発見されてすでに125年、いろいろな犠牲の上に多くのことが分かってきましたし、測定技術も格段に進歩してきました。この科学と技術の力を基礎に、「事態を侮らず、過度に恐れず、理性的に向き合う」姿勢を実践的に貫くことによって、私たちは、新型コロナウイルスのような「得体のしれない厄介者」としてではなく、「素性の分かった厄介者」として放射線をコントロールすることが可能でしょう。

❾2021年

◆早川篤雄和尚と迎える10年目の3・11

2021年3月11日、私たちは福島原発事故から10年目の日を迎えます。

1973年から共同して原発批判に取り組んできた楢葉町宝鏡寺の早川篤雄住職と私は、3つの企画の準備に当たりました。

〈第1〉は、宝鏡寺境内に「ヒロシマ・ナガサキ・ビキニ・フクシマ伝言の灯《ともしび》」を移設・除幕することです。

上野公園の動物園の隣に上野東照宮がありますが、そこに広島と長崎に投下された原爆の跡から採火した「原子の火」が30年間燃え続けてきました。

由来について、上野東照宮境内に「広島・長崎の火」を灯す会は次のように紹介されています。

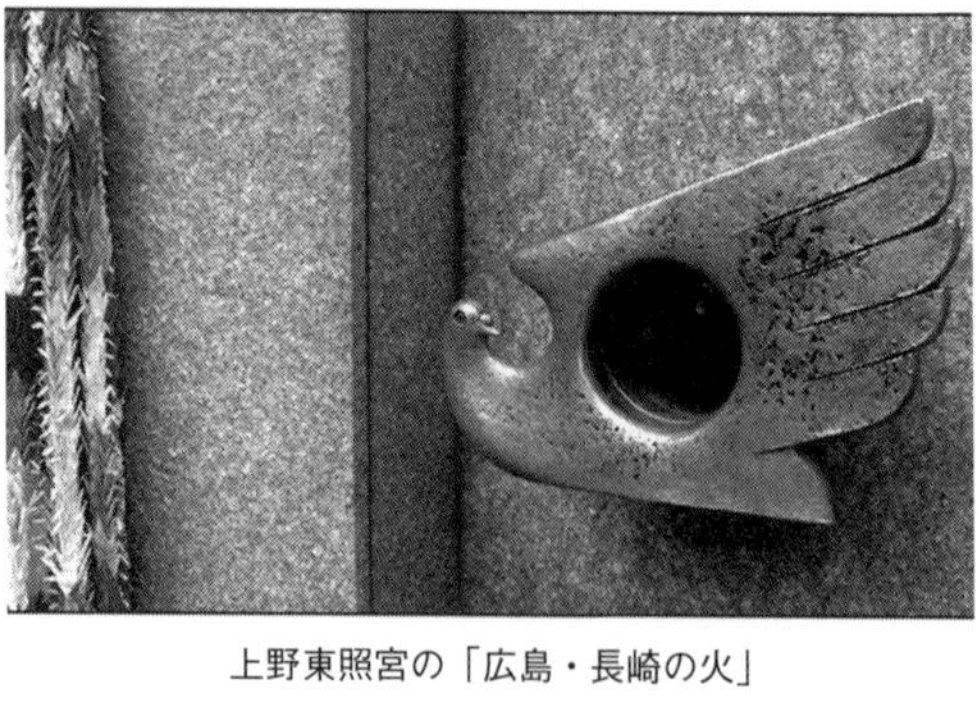

上野東照宮の「広島・長崎の火」

1945年8月6日・9日、広島・長崎に人類最初の原子爆弾が米軍によって投下、一瞬にして十数万人の尊い生命が奪われました。そして今も多くの被爆者が苦しんでいます。広島の惨禍を生きぬいた福岡県星野村の山本龍雄さんは、叔父の家の廃墟に燃える原爆の火を故郷に持ち帰り、はじめは形見の火、恨みの火として密かに灯し続けました。しかし、長い月日の中で、核兵器をなくし、平和を願う火として灯すようになり、1968年8月6日、星野村は、この「広島の火」を「平和の火」として、村人の手によって今日も灯し続けています。

核兵器の使用は、人類の生存とすべての文明を破します。
核兵器を廃絶することは、全人類の死活にかかわる緊急のものとなっています。
第二のヒロシマを
第二のナガサキを
地球上のいずれの地にも出現させてはなりません。

これは「ヒロシマ・ナガサキからのアピール」（1985年2月）の一節です。
1988年、3千万人のこのアピール署名と共に「広島の火」は長崎の原爆瓦から取った火と合わされて、ニューヨークの第三回国連軍縮特別総会に届けられました。

同1988年4月、「下町人間のつどい」の人々は、この火を首都東京上野東照宮境内に灯し続けることを提唱しました。上野東照宮嵯峨敞全宮司は、この提唱に心から賛同され、モニュメントの設置と火の維持管理に協力することを約束されました。

広範な人々のよびかけによって、翌1989年4月、「上野東照宮境内に〈広島・長崎の火〉を灯す会」が結成されました。それから一年余、数万人が参加した草の根の運動と募金により、1990年7月21日、モニュメントが完成しました。

被爆45周年を迎えた8月6日に星野村の「広島の火」が、8月9日に長崎の原爆瓦から採火した「長崎の火」が、このモニュメントに点火されました。

私たちは、この火を灯す運動が、国境をこえて今緊急にもとめられている核兵器廃絶、平和の世論を強める全世界の人々の運動の発展に貢献することを確信し、誓いの火を灯し続けます。

1990年8月　上野東照宮境内に「広島・長崎の火」を灯す会

しかし、東照宮には社殿など国指定の重要文化財もあり、その防火対策もあって上野東照宮は長年にわたって移設を求めてきました。2020年の初め、弁護士で「灯す会」の理事長でもある小野寺利孝さんが、東京電力福島第1原発の避難者訴訟で原告団長を務める福島県楢葉町の早川篤雄・宝鏡寺住職に相談したところ、早川さんが受け入れを快諾され、上野からモニュメントと種火を運んだ上で、原発事故から10年となる２０２１年３月11日に点火式を行なう計画が決まりました。

早川さんは、このモニュメントを、単に「広島・長崎の火」としてではなく、１９５４年３月１日にアメリカが行なったビキニ水爆被災事件の人類史的な意味も伝える灯であってほしいと考え、あわせて、２０１１年３月11日に発生した人類史に残る原発事故の意味を将来に伝える灯でもあって欲しいという思いを込め、このモニュメントを「ヒロシマ・ナガサキ・ビキニ・フクシマ伝言の灯」と名づけました。

〈第２〉は、宝鏡寺境内への早川篤雄・安斎育郎「原発悔恨と伝言の碑」を建立することです。

二人は半世紀近くにわたって原発批判に取り組んできた同志ですが、原発事故を阻止できなかった痛恨の想いと、未来の人びとに伝えたい熱い思いを共有しています。

碑には私がつくった下の詩が彫りこまれます。

〈第３〉は、これらの碑に隣接して「ヒロシマ・ナガサキ・ビキニ・フクシマ伝言館」を開設することです。

これは、私たちが反核・平和のメッセージを最

原発悔恨・伝言の碑

電力企業と国家の傲岸に
立ち向かって 40 年、力及ばず。
原発は本性を剥き出し
故郷の過去・現在・未来を奪った。
人々に伝えたい。
感性を研ぎ澄まし、
知恵をふりしぼり、
力を結び合わせて、
不条理に立ち向かう勇気を！
科学と命への限りない愛の力で！
早川篤雄　安斎育郎
2021 年 3 月 11 日

「伝言の碑」に彫り込まれる詩

も自由に発信する場として開設するもので、その意味で、2020年に双葉町に開設された「東日本震災・原子力災害伝承館」とは趣を異にします。伝承館は、国の「福島復興特措法」に基づいて「重点推進計画」に認定され、指定管理者制度に基づいて管理・運営されるものですが、「伝言館」は小さいけれども国や自治体のしがらみを一切背負わず、思いのままにメッセージを発信します。

伝言館は早川篤雄館長、安斎育郎・桂川秀嗣副館長の体制でスタートし、ビキニ被災事件に関する展示については「都立第五福竜丸展示館」の協力を得ることになっています。

これら3つの事業に取り組む2021年3月11日を、二人の八十翁は半世紀近い共同の行動を通じて培ったすべての想いを込めて、新たな出発の日にしたいと心に決めています。

6 「虫の目」と「鳥の目」

◆日本の原発開発とアメリカの対日エネルギー戦略

私が仲間とともにここ10年間福島でやって来たことは、ある意味では「虫の目」の活動です。草の根分けても何が起こったのかを究明しようとする——これはこれで大事な活動だと確信しています。

しかし、「虫の目」の活動を徹底的に追求しても、なぜこんな人類史に記憶されるようなできごとが、ここ福島で起こるようなことになったのか、その理由を明らかにすることはできないでしょう。そのためには、私たちが「鳥の目」をもって、大所高所から歴史を俯瞰し、日本のエネルギー開発がたどった道に光を当てなければならないでしょう。

戦後日本のエネルギー政策を論じようとすると、第2次世界大戦の終盤の局面から検討する必要があるように思います。

1939年9月1日にドイツのポーランド侵攻で始まった第2次世界大戦は、枢軸国（ドイツ・イタリア・日本など）と連合国（アメリカ・イギリス・ソ連など）の間の世界規模の戦争に発展し、次第に攻勢を強めた連合軍は、すでに、1943年のカイロ宣言で「日本の無条件降伏」などを含む対日基本方針を決めていました。日本は長期化する戦争に疲弊し、44年には本土の戦場化が進み、45年に入ると大規模な空襲にさらされるようになりました。私が生まれ故郷の東京を離れて福島の二本松に疎開してきたのは、まさにその頃でした。

1945年2月、アメリカ・イギリス・ソ連の首脳が「第2次世界大戦後の処理」に関するヤルタ会談を開いた時、アメリカはソ連と「極東密約」を結び、「ドイツ降伏後3カ月以内にソ連が対日参戦すること」を要請しました。5月8〜9日にドイツが無条件降伏するに及んで、第2次大戦の主敵は日本になりました。

1945年7月16日、アメリカはニューメキシコ州アラモゴードで、人類史上初めての原爆実験を成功させ、翌17日からベルリン郊外ポツダムでの会談に臨みました。ソ連のヨシフ・スターリンはアメリカのハリー・トルーマンに、「ソ連が8月中旬までに対日参戦すること」を告げ、翌18日には、「日本がソ連を通じて終戦を模索していること」を示す天皇からの極秘親書の内容を伝えました。アメリカのイニシャチブで対日戦争を勝利に導きたいトルーマンは、日本に対する原爆投下の目標地選びを急ぎました。1945年7月21日、ワシントンのハリソン陸軍長官特別顧問からポツダム会談に随行してドイツに滞在していたヘンリー・スチムソン陸軍長官に対して、京都を第一目標とすることへの許可を求める電報がありましたが、スチムソンは直ちに「許可しない」旨の返電をし、京都市は除外されました。スチムソンの7月24日の日記には、「もし（京都が）除外されなければ、かかる無茶な行為によって生ずるであろう残酷な事態のために、その地域において日本人をわれわれと和解させることが戦後長期間不可能となり、むしろロシア人に接近させることになるだろう。（中略）満州でロシアの侵攻があった場合に、日本を合衆国に同調させることを妨げる手段となるであろう、と私は指摘した」と記録されており、アメリカが戦後社会の政治的優位性を保つ目的から、京都原爆投下計画に反対したことが窺えます。

最終的には8月2日のセンターボード作戦で、「広島・小倉・長崎」と決定しました。

8月6日、テニアン環礁を飛び立ったB29エノラ・ゲイが広島にウラン爆弾を投下し、核地獄を出現させました。焦ったスターリンは、当初8月15日としていた対日参戦を前倒しし、8月8日23時日本に宣戦布告し、8月9日午前0時を期して満州地方から対日戦の戦端を開きました。奇しくも、ヤルタ会談での極東密約が定めた「ドイツ降伏から3カ月目」に符合するタイミングでした。アメリカは、自らの手によって日本にとどめを刺すため、その3時間後にはテニアン環礁からプルトニウム原爆を搭載したB29ボックス・カーを離陸させ、第2目標の小倉に向かわせました。進入経路の取り方に失敗したのに加え、八幡爆撃による火災の煙が小倉の町を覆っていたため目標が目視できず、結果として原爆は第3目標だった長崎に投下されましたが、広島・長崎に投下された2つの古典的原爆は今日までにおよそ35万人を死地に追いやりました。

　このように見てみると、原爆投下の背景には、戦時下の国際政治の中での世界支配をめぐる国家と国家のかけひきがあったことを見て取れるでしょう。

　広島・長崎の原爆投下の生き地獄の惨状が世界にリアルに伝えられれば、いくら戦時とはいえ、核兵器のような非人道的兵器は禁止されるべきだという世論が起こったかもしれませんが、敗戦国日本を占領した連合軍の中核にあったアメリカは「プレス・コード」（報道管制）を敷き、原爆報道を厳しく禁止しました。世界は核兵器使用の非人道的影響を理解することができぬままに戦後を迎え、アメリカは翌1946年7月1日、ビキニ環礁での戦後初の原爆実験を皮切りに、再び核兵器開発に乗り出していきました。

　ところが、僅か3年後の1949年8月29日、ソ連が原爆実験を成功させました。そのほぼ1カ月後の10月1日、中国共産党に率いられる中華人民共和国が成立し、翌1950年6月25日には朝鮮戦争が勃発する中で、アメリカは原爆の1000倍も強力なスーパー爆弾としての水爆開発と、日本の再軍備へと向かいました。ほどなく米ソ両国が揃って水爆の原理的実験に成功し、アメリカは、1954年、ビキニ環礁で一連の水爆実験（キャッスル作戦）に突き進み、3月1日には15メガトンという超巨大水爆の実験によって日本のマグロ延縄漁船・第五福竜丸が被災する事件が起こりました。

「平和利用」としての原発開発は、こうした米ソ両国による核軍備競争の展開過程と重なり、密接な関わりをもって展開されました。原発の黎明期、米ソ両国は「資本主義陣営」と「共産主義陣営」の雄として、何かにつけて互いに世界を視野に置いた対決姿勢をあらわにしていました。アメリカのドワイト・アイゼンハワー大統領は、1953年12月の国際総会で有名な「アトムズ・フォー・ピース」(平和のための原子力)演説を行ないました。ソ連による核兵器開発の成功で核独占体勢を崩されたアメリカは、アメリカのイニシャチブによって「平和利用」分野を含めた原子力の国際管理の方向を打ち出すことによって核戦略を再構築する道を模索していました。

翌1954年にソ連がモスクワ郊外のオブニンスクで5000kWの実用規模の原子力発電を成功させたことは、世界の原発開発競争が本格化する契機となりました。アメリカの原子力産業界は、国家による戦略的事業である核兵器生産に参入することによって巨億の利益を手にしており、まだ海のものとも山のものとも見定めのつかない原子力発電には、あまり熱意をもっていませんでした。アルゴンヌ国立研究所は重水減速炉の開発に取り組んでいましたが、原発の実用化には距離がありました。

ソ連による実用規模の原発開発によって、アメリカは原発開発を急ぐ世界戦略上の必要性に迫られることになりました。イギリスも2年後の1956年、黒鉛減速炭酸ガス冷却炉(コールダーホール型炉)による6万kWの原発の運転に漕ぎ着けました。アメリカは、ウェスティングハウス社が原子力潜水艦用の動力として開発した加圧水型軽水炉（PWR）を急遽陸揚げし、1958年にシッピングポート原発（10万kW）として運転を開始しました。同じアメリカのGE（ジェネラル・エレクトリック）社は、ウェスティングハウス社に対抗して沸騰水型軽水炉（BWR）を開発し、遅れて1960年にドレスデン原発（18万kW）として運転を始めました。原発は、安全性を一歩一歩確かめながら、技術の発展段階を着実に踏まえて十分な時間をかけて開発されるという経過をたどったものではないのです。

日本の原子力開発も、この世界の動きと連動して足取りを刻みました。1954年3月16日、日本国民は、アメリカのビキニ水爆でマグロ延縄漁船・第五福竜丸の乗組員23人が被災した事件を知りましたが、実はビキニ実験の翌日（3月2日）、中曽根康弘改進党代議士のイニシャチブで2億3500万円の原子炉築造予算が政府予算案の修正の形で唐突に国会に提案され、成立しました。2億3500万円は「ウラン235」からとられたものであり、その性格が知れようというものですが、中曽根氏はその前年の1953年、ヘンリー・キッシンジャー（後の大統領補佐官）が取り仕切るハーバード大学での「夏季国際問題セミナー」に参加し、アメリカの国際原子力戦略への理解を深め、原子力研究に慎重な日本の学界を政治の力で変えて日本への原発導入を進めることを決意していました。

産業界では、正力松太郎読売新聞社主がアメリカ国務省と連携し、1955年11月には東京・日比谷で「原子力平和利用博覧会」を開催して35万人を動員、翌年にはこれを全国展開、ビキニ水爆被災事件を契機に反核・反米世論が燃え盛る中で、原子力平和利用キャンペーンを繰り広げました。当時、人形峠（岡山と鳥取の県境）でウラン鉱床が発見されたことも、原子力推進派の後押しをしました。

シッピングポート原発の運転開始前年の1957年3月、アメリカで「大型原子力発電所の大事故の理論的可能性と影響」の報告書（ブルックヘブン・レポート）が出され、最悪の原発事故の場合、3400人の死者、障害4万7000人が出る恐れがあり、放射能による土地の汚染の損害は最大70億ドルに達する可能性があることを示唆しました。70億ドルは当時の換算レートで約2兆5000億円にあたり、日本の国家予算の約2倍に相当しました。このままでは到底電力企業の参入が不可能だと考えたアメリカ政府は、同年9月、「プライス・アンダーソン法」を制定し、原発事故に伴う電力会社の損害賠償負担を軽減する法的措置をとりました。この法律によれば、電力会社の賠償責任の上限は102億ドルで、それを超えた場合には大統領が議会に提出する補償計画に基づいて、必要な措置をとることになっています。

ところで、戦後の対日占領政策の中で、アメリカは「一国を支配するには食糧とエネルギーを支配すればいい」という基本戦略に基づいて政策を着々と進めていました。第2次大戦直後、日本の発電・送電・配電は日本発送電株式会社（日発）と9つの配電会社（北海道・東北・関東・中部・北陸・近畿・中国・四国・九州）によって担われていましたが、紆余曲折を経て、日発と9配電会社は1951年5月1日に9地域の民有民営電力会社（北海道電力・東北電力・東京電力・中部電力・北陸電力・関西電力・中国電力・四国電力・九州電力）に分割されました。この属地主義的な再編成にはGHQの意向が強く反映していました。当時、日本の電力生産の大半は水力発電で賄われていましたが、地域分割されれば、戦後復興期に急増する電力需要に各電力管内の水力発電だけで対応することは到底不可能であり、電力多消費地に隣接して火力発電所を建設せざるを得なくなります。戦後復興期の火力発電所はほとんど石炭を使用し、世界銀行の招聘で来日したフランスのソフレミン調査団は日本の炭鉱を診断して年産7000万トンの可能性を勧告した時期もありましたが、やがて発電用燃料は石炭から石油への転換が進められ、日本の電力生産はアメリカの国際石油資本への依存体質を強めていきました。実は、日本へのアメリカの原子力発電技術の導入もその延長線上にありました。今日、日本の原子力発電はアメリカで開発された軽水炉をベースとしており、GE（BWR、沸騰水型軽水炉）とウェスティングハウス（PWR、加圧水型軽水炉）が市場を二分割しています。

1961年、日本も「原子力損害賠償法」をつくり、原発事故によって50億円以上の損害が出た場合には国が援助する体制をつくりました。限度額は2009年に改定され、1200億円に引き上げられましたが、「異常に巨大な天災地変」による事故の場合には電力会社は免責されています。2011年の福島原発事故の損害は数十兆円～100兆円、あるいはそれ以上に及ぶに相違なく、原子力発電は事故時の損害賠償や高レベル放射性廃棄物の何万年にも及び得る保管廃棄費用などを考慮すれば、とても一企業の手に負えるものではありません。電力企業にとっては国家の庇護の下ではじめて事業として成り立ち得るものであり、原発はもともと国家と電力企業の共同を前提とせざるを得ない産業です。しかし、やがて、それが電源3法（電源開発促進税法、特別会計に関する法律〈旧・電源開発促進対策特別会計法〉、発電用施設周辺地域整備法）による特別交付金制度によって地方自治体を原発誘致に駆り立て、地域住民を原発推進のために組織することによって「原発促進翼賛体制」が築かれていくに及び、この国の原発開発は、極めて頑迷固陋で不寛容な「原子力ムラ」を築いていったように思われます。

アメリカの対日戦略の延長線上で国家が電力資本と結びついて「原子力ムラ」の骨格が形成され、実証性を欠いた原子力技術の「安全性」を権威づけるために推進派の専門家が役割を果たし、電源開発促進税法によって電力消費者から徴収した財源による特別交付金をエサに地方自治体が誘致に駆り立てられ、マスコミが批判機能を十分果たせずに「安全で安価で地球に優しい原発」を演出する役割を担って「安全・安価神話」が作り出されました。「豊かな地域づくり」を表看板に住民たちまで推進派として組織され、この国に「原発推進総動員・翼賛体制」とでも呼ぶべき巨大な「原子力ムラ」が築かれた一方、批判者は抑圧して「ムラ」から放逐し、その言い分には一切耳を貸さない――これが、この国の原発政策を「緊張感を欠いた独善的慢心」に陥れ、破局に向かって走らせた背景にあったと強く感じています。

私は、原発政策批判の側に身を置いてきたとはいうものの、福島原発の破局的な事故を防ぎ切れず、子や孫や次世代以降の人々に巨大な「負の遺産」を残してしまった共同責任を負っています。まことに申し訳ないことだと思います。心からお詫びする以外にはありません。国民の多くは、国家・電力資本・専門家・自治体・マスコミ・推進住民組織という「原発推進ヘキサゴン（六角形）」に翻弄され、あるいは深い関心を培う機会もないままに、人類史的な原発災害を目の当たりにしてしまいました。しかし、国任せ、企業任せ、専門家任せの姿勢の危うさを、私たちは福島原発事故を通じてよくよく学ぶ必要があると思います。多くの国民は福島原発事故の原因に直接責任を負う立場にはありませんが、これから子や孫や次世代以降の人々に憂いを残さないためには、私のような老人にできることには限度があり、「現代」と「未来」を繋ぐ世代として若い人たちも含めてしっかりした見識をもち、より安全な国づくりに自ら積極的に関わる主体性を育み、旺盛な実践のエネルギーを発揮してもらう必要があるのではないかと思います。

私たちは原発の恩恵に浴し、電力の約3分の1を原子力発電に依存してきました。その結果、今後数千年、数万年に渡って管理していかなければならない、しかも何の価値も生み出さない膨大な高レベル放射性廃棄物を蓄積し、続く何十・何百世代に同意もなく委ねるという「愚」を犯してしまいました。

私は、福島通いの「虫の目」と、原子力開発の現代史とともに歩んだ人生を俯瞰する「鳥の目」から見えたものを人々に伝えるとともに、原発から放出された放射性物質をできる限り除去して安全な生存環境をつくるための知識と方法をお伝えすることが、放射線防護学者としての私の責務であると感じています。

私のもう一つの専門である「平和学」の分野では、平和教育の目的は、世の中に平和でない状況があることを「知る」だけのことではなく、どうすればより平和な状況を切り拓くことができるか、「自分に何ができるか」と考える主体性を育み、それを実践するための知識や方法（ピース・リテラシー）を身につける支援をすることであると心得ています。目の前の原発事故の実態に目を向けるだけでなく、これからの平和で安全な社会建設のために人々に“Think Globally, Act Locally”（地球規模で考え、地域から行動する）、“Think Locally, Act Globally”（地域から問題を掘り起こし、地球規模で行動する）姿勢を忘れずに、問題を等身大に引きつけて、できることは何でも実践する姿勢を育んでほしいと、心からそう思っています。

原発はその寿命を終えても、発電に伴って発生した高レベル放射性は器物を残します。それは、今後数千～数万年にわたる放射能管理という「負の遺産」を残しますが、数百～数千世代先の人びとは私たちが電力生産手段として原子力発電を選び取ることに異議を唱えることはできません。したがって私たちは、私たち自身が生きているこの時代について考えるだけでなく、「負の遺産」を残す数百・数千世代後の子孫たちの時代にも責任を負わなければならないでしょう。私はこれを「時をこえた民主主義」の問題と呼んでいます。私たちは、異議を唱えることができない未来の子孫たちの意を体して生き方を律することが必要であり、「時をこえた民主主義」の実践者として行動する責任があると確信します。

あとがき

菅義偉総理は、日本学術会議の会員候補6人を任命しなかった理由について、2020年10月5日、「総合的、俯瞰的活動を確保する観点から判断をした」と説明しました。これについては「具体的な意味が全然分からない」という声があちこちで上がっています。2003年2月に総合科学技術会議が出した「日本学術会議の在り方について」という具申書に、「日本学術会議は、新しい学術研究の動向に柔軟に対応し、また、科学の観点から今日の社会的課題の解決に向けて提言したり、社会とのコミュニケーション活動を行うことが期待されていることに応えるため、総合的、俯瞰的な観点から活動することが求められている」と書いてあります。菅総理は官僚が見つけたこの資料に基づいて発言しただけなのでしょう。

辞書によれば、「総合的」とは「別々の物事を一つにまとめるさま。さまざまな事情を加味し大所高所から判断するさま」とあります。大事な視点です。また、「俯瞰的」とは、「物事を一段高い観点から俯瞰するように、大局的・客観的に捉えること。鳥瞰的」とあります。これまた大事な視点です。普通に考えれば、「総合的、俯瞰的」という視点は大変重要な視点に相違ないのですが、それが「任命拒否の理由」として使われたとなると、これらの候補者がどういう意味で学術会議の「総合性、俯瞰性」を損なうと判断したのか、それを明確に説明する必要があるでしょう。何かというと「人事のことなので」で逃げを打つ姿勢は、民主主義政治の重要な要素である「透明性」をかなぐり捨てた姿で、それこそ「総合的、俯瞰的」観点からレッドカードを突きつけられるべき失態と言うべきものだと思います。

この「不都合なことは隠す」という姿勢こそが、日本の原子力開発の実態を国民の目から遠ざけ、内蔵するリスクを覆い隠してきた要因の一つだと、私は感じています。2011年3月11日の夕方の新聞社からの電話取材で、何か政府や電力会社に言いたいことはないかと問われて、とっさに「隠すな、ウソつくな、過小評価するな」と言ったのは、そういう事例を山ほど見てきた裏返しでもあります。

最近、福島第1原発のトリチウム汚染水の海洋処分をめぐって、漁業関係者を含めて批判の声が上がっています。溶け落ちた核燃料を冷却するために毎日水を注入しているため、1日約130トンの汚染水が発生し続けます。その放射能汚染はALPSという装置で除染しますが、放射性水素（トリチウム）だけは原理的に取り除くことができません。敷地に林立する1000基ものタンクに溜めてきましたが近々満杯になるため、経産省が海洋放出の方針を示したものです。利害関係者との丁寧な合意形成をないがしろにして「結論を押しつける」こうしたやり方は、「科学の問題」ではなく明らかに「民主主義の問題」です。敷地が満杯なら別の土地を用意して貯留を続けつつ、利害関係者も含めた検討の仕組みを作って「はじめ結論ありき」ではない多様な代替案の検討を行ない、丁寧な合意形成が図られるべきでしょう。公海に放出するのであれば、当然国際社会との合意形成も不可欠です。原子力行政の民主性・透明性の確保は、依然として最も重要な課題の一つです。

私は、前節に書いた通り、仲間とともに福島の被災地域を歩き回り、放射能汚染や放射線被曝の実態を調べ、人々の不安に耳を傾け、ともに学び合い、悩み合う活動を続けてきましたが、一方では、「総合的、俯瞰的」にこの国の原子力開発の過程を跡づけることが非常に重要であると思っていました。

人は目の前の事態に目を奪われがちです。大所高所とか、国家百年の計といっても、日常生活の中ではなかなかそうはいきません。私は「虫の目」となって草の根分けても実態を知る努力も大事だが、それこそ「総合的、俯瞰的」に「鳥の目」をもって対象を観察し、事の流れの本質を見極めることも負けず劣らず大事だと確信しています。

読者の皆さんが、私の身に降りかかったさまざまな事件を通して、この国の原子力開発姿勢の危険性に気づかれ、私たちの子々孫々に「負の遺産」をこれ以上たくさん残さないためにはどうすればいいのかを考える上で、本書が一つのきっかけになれば幸いです。

この歴史的なタイミングで本書の執筆のチャンスを頂いたかもがわ出版と、それこそ筆者の意図が「総合的、俯瞰的」に見定めがつかないままにじっと見守って頂いた編集の三井隆典さんに心より感謝します。

安斎育郎（あんざい・いくろう）

1940年、東京生まれ。安斎科学・平和事務所所長、立命館大学名誉教授、立命館大学国際平和ミュージアム終身名誉館長。専門は、放射線防護学、平和学。東京大学工学部原子力工学科第一期生、工学博士、久保医療文化賞、日本平和学会平和賞など受賞。著書に、『だます心 だまされる心 』（岩波新書)、『放射線と放射能』（ナツメ社)、『「だまし」の心理学－なぜ、人はだまされるのか？』（PHP研究所)、『騙される人 騙されない人』『福島原発事故－どうする日本の原発事故』（かもがわ出版)、『安斎育郎のやさしい放射能教室』（合同出版)、『だまし世を生きる知恵－科学的な見方・考え方』（新日本出版社）など、共編著に『「語り伝えるヒロシマ・ナガサキ」シリーズ全５巻』『「語り伝える沖縄」シリーズ全５巻』『「語り伝える空襲」シリーズ全５巻』（新日本出版社）など、多数。

私の反原発人生と「福島プロジェクト」の足跡

2021年3月11日　第1刷発行

著　者　　© 安斎育郎

発行者　　竹村正治

発行所　　株式会社かもがわ出版

〒602-8119　京都市上京区堀川通出水西入

TEL075-432-2868　FAX075-432-2869

振替 01010-5-12436

ホームページ http://www.kamogawa.co.jp

印　刷　　シナノ書籍印刷株式会社

ISBN978-4-7803-1150-1　C0036